动圈式大流量气体燃料电控喷射装置研究

葛文庆　孙宾宾　李　波　著

U0312622

科学出版社

北　京

内 容 简 介

本书从基本理论入手，系统地阐述了动圈式大流量气体燃料发动机电控喷射装置的结构特点、工作原理、特性参数、控制系统开发及其与整机的匹配试验研究。主要内容包括：喷射装置的结构和控制器设计、流量特性分析、整机布置方案及控制系统设计、混合气形成机理研究，以及整机台架试验。

本书内容深入浅出，思路清晰，理论与试验相结合，各个章节内容相互独立又相互联系。本书可供广大从事内燃机相关领域工程技术人员和科研人员参考，也可作为高等院校车辆工程、热能与动力工程专业研究生的教材。

图书在版编目（CIP）数据

动圈式大流量气体燃料电控喷射装置研究 / 葛文庆，孙宾宾，李波著.
—北京：科学出版社，2014.12
　ISBN　978-7-03-042934-6

　Ⅰ.①动… Ⅱ.①葛… ②孙… ③李… Ⅲ.①机械学－高等学校－教材
Ⅳ.①TH11

中国版本图书馆 CIP 数据核字（2014）第 120279 号

责任编辑：朱晓颖 / 责任校对：韩 杨
责任印制：徐晓晨 / 封面设计：迷底书装

科 学 出 版 社 出版
北京东黄城根北街 16 号
邮政编码：100717
http://www.sciencep.com

北京建宏印刷有限公司 印刷
科学出版社发行　各地新华书店经销

*

2014 年 12 月第 一 版　开本：B5 (720×1000)
2018 年 5 月第四次印刷　印张：6 3/4
字数：123 000

定价：**58.00 元**

（如有印装质量问题，我社负责调换）

前　　言

气体燃料发动机有着有害污染物和二氧化碳排放量相对少的优势，不仅在高效清洁利用能源，而且在有效利用工业可燃废气等方面均可以发挥重要作用，节能减排与环境保护推动着气体燃料发动机的技术进步与广泛应用。

气体燃料电控喷射装置的应用，可实现多点顺序间歇供气方式在发动机各缸进气道前顺序间歇（一般在进气过程中）供入气体燃料，可以有效解决发动机进气道及进气管内回火、扫气阶段气体燃料流失等问题，改善发动机性能，适用于各类气体燃料，所需气体燃料的压力较低，特别适用于需要大流量、低压力的供气场合。为了实现在气体燃料发动机经济性、动力性和排放指标等方面达到国外先进水平，同时对各类不同成分、热值的可燃气体具有良好适应性的目标，必须深入研究作为关键技术的气体燃料电控喷射装置。本书提出了一类应用动圈式电磁直线执行器和菌型阀结构的气体燃料电控喷射装置，并通过理论分析、仿真计算以及与试验研究相结合的方法对其结构设计、流量特性、控制技术等进行了深入系统的研究，为其工程化应用和大功率气体燃料发动机性能提升打下了良好的基础。

本书的主要工作和研究成果包括以下几个方面：

（1）分析了气体燃料电控喷射装置的国内外研究现状，提出了一类应用动圈式电磁直线执行器和菌型阀结构的气体燃料电控喷射装置，对喷射装置的结构、主要设计参数和控制器设计等进行了深入研究，最终研制出了气体燃料电控喷射装置样件并进行了试验验证。测试结果表明，喷射装置的过渡时间为5ms，最大气门升程可达4mm，工作稳定可靠，满足大功率气体燃料发动机对喷射装置的大流量、高响应等要求。

（2）建立了气体燃料喷射装置的流动数值模拟计算模型，分析了稳态和非稳态工况下的流量特性并进行了试验验证。明确了电控喷射装置的流量特性随着气门升程、气门外径、压差和气门开启时间等主要设计及控制参数变化的规律，建立了可直接用于气体燃料喷射量调节控制的气体燃料喷射量 G 和气门总开启时间 Δt 的映射关系，为气体燃料电控喷射装置在发动机上的应用打下了良好的基础。

（3）确定了气体燃料喷射装置在发动机上的布置方案，并讨论了应用喷射装置后发动机性能改进的技术途径。设计了发动机整机控制器，提出了以发动机转速为目标的闭环控制以及模拟信号输入端口和 PWM 控制信号输出端口多路复用的技术方案。进一步研究了发动机控制器综合设计应实现的功能，对发动机空燃比进行闭环控制,并给出了改进的发动机控制器方案。

(4)建立了气体燃料发动机应用电控喷射装置后的非稳态 CFD 计算模型,并在此基础上研究了喷射装置不同的控制参数以及安装参数对气体燃料进气和混合气形成过程的影响。分析比较了不同的喷射装置安装位置下气体燃料进气过程的变化情况,并明确了喷射装置靠近燃烧室后对提高气体燃料进气充分程度的优势。确定了气体燃料电控喷射装置喷射脉宽的调节范围,探讨了通过增加气体燃料和进气空气的压力差值来增加喷射量的方法。

(5)完成了应用气体燃料喷射装置的大功率发动机的实机验证性试验。进行了包括发动机启动、怠速稳定性、各缸均匀性调整以及给定转速下增减不同负荷的试验,自行研制的电控喷射装置具备良好的控制特性、高响应速度和低落座速度等优势,能够将气体燃料定时、定量地喷射到发动机每一气缸靠近进气道的进气歧管内,实现多点顺序间歇的供气方式以及对各缸空燃比的实时、准确、独立地调节,验证了技术的可行性。

由于作者水平有限,书中不妥之处在所难免,敬请广大读者批评指正。

作　者

2014 年 9 月

主要符号说明

G	循环气体燃料喷射量（kg）	h	气门升程（mm）
D	阀盘直径（mm）	Δt	总气门开启时间（ms）
Δp	压差（MPa）	τ_m	机电时间常数（ms）
m	运动部件质量（kg）	R	线圈电阻（Ω）
k_m	电机常数（N/A）	ρ	流体密度（kg/m³）
t	时间（s）	$\boldsymbol{u}$	速度矢量在 x 方向的分量（m/s）
$\boldsymbol{v}$	速度矢量在 y 方向的分量（m/s）	$\boldsymbol{w}$	速度矢量在 z 方向的分量（m/s）
F_{bx}	单位质量流体上的质量力在 x 方向的分量（N）	F_{by}	单位质量流体上的质量力在 y 方向的分量（N）
F_{bz}	单位质量流体上的质量力在 z 方向的分量（N）	p_{xx}	流体内应力张量的分量
T	流体温度（K）	k	流体导热系数[W/(m·K)]
C_p	比热容[J/(kg·K)]	S_T	黏性耗散
G_k	平均速度梯度引起的湍动能产生项	G_b	浮力引起的湍动能产生项
Y_M	可压缩湍流脉动膨胀对耗散率的影响	μ_t	湍流黏性系数
D_H	水力直径（mm）	A	燃气进口截面面积（mm²）
l	燃气进口截面周长（mm）	Δt_1	气门开启过渡时间（ms）
n	发动机转速（r/min）	f	信号频率 （Hz）
z	齿圈齿数	p_{max}	缸内峰值压力（MPa）
N	燃烧循环个数	S	位移（mm）
p_{mi}	平均指示压力（MPa）	θ	曲轴转角（°CA）
F	电磁力（N）	A	电流（A）
p	缸内压力（MPa）		

目　　录

第1章 绪 论

1.1 课题研究的背景及意义

随着社会经济的高速发展，能源和环境问题已成为全球关注的热点问题。如何降低 CO_2 和有害气体的排放，实现社会经济的可持续发展，将成为全人类共同面临的巨大挑战。同时，石油资源属于不可再生能源，对国家发展战略有着重要的影响。根据英国石油公司 2010 年的能源统计报告显示，截至 2009 年底，世界石油探明储量约为 13331 亿桶，中国石油探明储量约为 148 亿桶，占世界探明储量的 1.1%，居世界第 14 位。世界石油资源的储产比为 46 年左右，中国的储产比为 11 年，意味着现今世界石油的储量可以维持 46 年左右的开采时间，而中国的石油资源仅能维持 11 年的开采时间[1]。伴随着中国经济的飞速发展，我国已经成为世界第二大经济体，对能源的需求也与日俱增。自从 1993 年以来，我国就已经成为石油纯进口国，2009 年中国的石油消耗量更是占到世界石油总消耗量的 10.4%，成为仅次于美国的第二大石油消费国。预计到 2020 年我国的石油对外依存度将超过 60%[2]，到 2030 年中国将超过美国成为世界最大的石油消费国[3]，石油短缺现象将严重制约着中国经济的发展。

伴随着我国工业现代化发展的进程，发动机总产量日益增加，2010 年我国产量高达 7300 万台。发动机在推动社会发展的同时，造成我国能源严重短缺和环境严重污染的问题已经突显出来。据世界资源研究所和中国环境检测总站测算，全球 10 个大气污染最严重的城市中，我国就占了 7 个。其中，机动车排放的污染物对中国城市的多项大气污染指标的"贡献率"已达到 60%以上。探索开发替代石油燃料的新型洁净燃料，开发高效低污染的发动机是当今各国关注的重大问题。

目前应用于发动机上的替代燃料主要为醇类燃料、二甲基醚、生物燃料和气体燃料等。气体燃料是可用能源的重要组成部分，被称为继煤炭和石油之后的第三大能源，除了压缩天然气和液化石油气外，还包括沼气、煤层气[4-6]、高炉煤气等。天然气作为一种气体燃料，其主要成分是甲烷(CH_4)。由于天然气资源丰富、成本低，而且以压缩天然气(CNG)和液化天然气(LNG)的形式在发动机上应用时，具有对内燃机结构改动小、工作指标变化不大等优势，已经成为一种重要的替代燃料，在内燃机领域得到了广泛应用。除了高品质的天然气以外，甲烷含量为 40%～70%的品质较低气体替代燃料，目前也受到越来越多的关注。这种气体燃料通常被称为低热值气体燃料，其主要来源有生产生活中产生的油田气、高炉煤气、煤田气、瓦斯气以及由有机物质在厌氧条件下发酵而制取出来的沼气。这类低热值气体燃料的组分中甲烷含量通常为 40%～70%，其余 30%～60%的组分为 CO_2、N_2 及其他非烃烷气体成分，低热值气体的热值仅为天然气 50%左右。低热值气体作为生产及生活方面的副产品，其来源丰富，但是由于其热值低，过去往往没有加以利用，直接排放到大气中，这不仅浪费了宝贵的能源，而且低热值气体本身也会带来大气污染、温室效应等环境问题。另外，由于低热值气体易燃易爆，极易对生产过程带来危害[7-11]。因此，如何充分利用资源丰富的低热值气体燃料已经成为目前研究的热点问题之一。

随着世界范围内发动机保有量的快速增长、全球石油资源的过度开发，燃油矛盾日益加剧，而且随着人们环保意识的加强，越来越意识到使用清洁燃料的重要性，所以开发出新型清洁能源已经迫在眉睫。可燃性气体如天然气、煤层气、瓦斯气、水煤气和石油炼化尾气，是目前被世界公认为清洁、价廉、丰富、便于使用的发动机代用燃料。气体燃料在发动机领域的应用已成为发动机研究中的一个重要方向[12-16]。

气体发动机气体燃料供给方式以及空燃比控制方法在很大程度上影响发动机的动力性、经济性、安全可靠性和排放性[17]。随着电控技术的发展，供气控制逐渐由低精度的机械调节向高精度的电子控制调节方向发展。气体发动机技术是以电控喷射为特征，并匹配闭环控制，排放达到法规要求或更高的标准。电控系统中采用顺序多点喷射、稀薄燃烧技术以及闭环控制等先进技术，是气体燃料发动机电控技术的发展方向[18-21]。气体发动机绝大多数是由现有发动机改装而成的，在气体燃料供给方式上目前国内产品仍主要采用相对落后的单点连续供气方式[22]。国外进口的一些气体燃料喷射装置虽然有性能上的优势，但价格昂贵。国内仅见到贵州红林机械有限公司生产的高速开关阀应用于小排量气体燃料发动机后有关燃料喷射装置的研究[23]，不过并未见其应用于实际发动机产品。在一种电磁直线执行器创新性的设计（已获国家发明专利授权）的良好研究基础上，开展大功率发动机气体燃料电控喷射装置技术研究，具有十分重要的理论意义与工程应用价值，以自主创新来打破国外的技术垄断，推进相关产业实现重大技术突破[24-26]。

气体燃料电控喷射装置对各类不同成分、热值的可燃气体应具有良好的适应性，可应用下列多种气体燃料：

（1）常规的气体燃料，如天然气、沼气等。与现有的气体燃料发动机产品相比较，采用连续供气方式的气体燃料发动机，由于应用了电控喷射装置可以至少提高热效率 5%，具有明显的竞争优势。

（2）高炉煤气、焦炉尾气、炭黑尾气以及其他化工等各种行业中产生的工业废气。应用研发的气体燃料发动机产品发电能避免直接放空所产生严重的环境污染与能源浪费。此类工业废气具有成分、热值各异且不稳定等特点，有着有效合理地进行资源化利用的迫切需求。

（3）煤层气、煤矿低浓度瓦斯气、页岩气（Shale Gas）等一类作为替代能源的气体燃料。近日国务院发布的《找矿突破战略行动纲要(2011—2020 年)》特别强调了勘查开发以页岩气、煤层气为重点的非常规油气资源，无论从寻找替代能源，还是从碳排放控制的角度，其高效利用都是十分重要的。

1.2　气体发动机国内外研究现状

在发展和应用气体发动机的过程中，进气控制和燃烧是气体燃料发动机的关键技术。能够根据工况的变化调节燃气和空气的供给，满足混合气量和空燃比的控制是对燃气供给系统的基本要求，也是发动机稳定可靠运行的前提[27-33]。

1.2.1　气体发动机的燃料供给方式

气体发动机的供气方式根据技术的发展可分为以下几种[34-40]：

（1）进气管混合器供气方式，发动机供气系统包含一个与化油器类似的部件混合器，气体燃料在进气管或进气阀口以固定比例与空气混合，靠缸内负压被吸入混合器混合后进入气缸燃烧[41]，其供气方式示意图如图 1.1 所示。

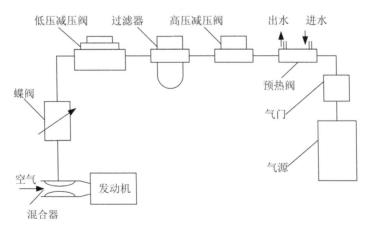

图 1.1　进气管混合器供气方式

图 1.2 给出了常见的文丘里管混合器。进气管混合器供气方式的气体发动机优点是：结构较简单，控制方便，价格较低，便于对现有的化油器式汽油机进行改造[42]。但是由于不能精确地控制燃料供给量，而且无法进行闭环控制，难以精确地控制发动机的空燃比，满足较高的排放标准，不能充分发挥天然气改善发动机排放性能的潜力。因此这种供气方式目前主要应用在化油器式汽油车改装的"天

然气—汽油"两用燃料汽车上[43]。

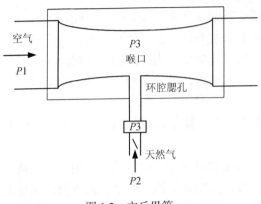

图 1.2　文丘里管

（2）电控单点连续供气方式[44,45]，即应用单一混合器将气体燃料喷入进气总管并与空气混合，然后通过进气歧管分配到各个气缸中进行燃烧。该类系统可以通过计算机控制来实现气体燃料的喷射，燃料供应准确、均衡、稳定性较好，而且该种喷气系统结构简单、工作可靠、成本低廉。但燃料在吸入各个气缸前要经过各个进气歧管，存在各缸混合气空燃比控制精度低、响应慢、不利于发动机性能提升等不足，技术相对落后，目前已应用渐少。

（3）电控多点连续供气方式[46-50]，即在每个气缸进气歧管或进气道处安装一个气体燃料喷射装置，并通过 ECU 按照一定的模式分别对各个气缸的喷射装置进行专门控制。该种喷射方式由于具有燃料进气行程短的优势，具有良好的响应性，并可以实现对空燃比按周期和按缸进行控制，所以燃料供应准确度、均衡性、稳定性和排放性都优于单点电喷。但与单点喷射系统相比，此类喷射系统存在结构复杂、成本较高的问题，而且不能充分扫气，甚至可能有回火等问题[51,52]。

（4）电控多点顺序间歇供气方式[53-55]，即在发动机各缸进气道前顺序间歇（一般在进气过程中）供入气体燃料，可以有效解决发动机进气道及进气管内回火、扫气阶段气体燃料流失等问题，改善发动机性能。该类供气方式所需的气体燃料压力较低，但对气体燃料电控喷射装置有较高的要求，而且存在由于电磁铁特性而使工作行程较小，不利于大流量的气体燃料喷射，特别是在一些低热值气体燃料的应用需要加大容积流量的场合；同时存在控制特性差、落座速度大等影响装置工作可靠性的问题，并且对产生相互撞击部件的材料、制造工艺等要求较高。其改进方案是在运动部件的一端装配"抗冲击的高硬度止动销"，但另一端（针阀密封锥面）却无法同样处理，仍难以克服高落座速度冲击带来的工作可靠性和寿命等问题。

（5）缸内供气方式[56-59]，将气体燃料在发动机压缩过程中直接喷入缸内。缸内气体喷射完全实现了燃料供给的质调节，有利于提高发动机升功率、有效效率等性能。但由于在相对高温高压环境供气，必须首先消耗一定能量将气体燃料压缩到较高压力，同时对气体燃料电控喷射装置要求更高，目前仅在小功率发动机中有极少量应用。

1.2.2 国外研究发展现状

以天然气等可燃气体作为发动机燃料，在世界上已有 100 多年的历史。与其他燃料相比，可燃气体具有资源丰富、燃烧清洁、技术成熟、安全可靠、经济可行等优点，在世界上得以迅速发展。美国、德国、奥地利、日本和芬兰是世界上应用气体燃料发动机技术水平较发达的国家，它们主要以天然气、沼气、垃圾气等为燃料的气体燃料发动机为研发对象，并且拥有先进的技术和产品，特别是关于大功率、大缸径机型技术非常成熟[60-65]。

20 世纪 90 年代初，国外推出的双燃料发动机开始采用先进的电子控制技术。这一时期的双燃料发动机的共同特点是采用在进气总管安装电控混合器或天然气喷射阀的天然气电控供给系统，即电控混合器式或天然气单点喷射式双燃料发动机。比较典型的是荷兰 DELTA 公司的双燃料发动机和美国 Caterpillar 公司的 Caterpillar3208 柴油/天然气双燃料发动机[66,67]。随着电控燃油技术的发展，美国 SPI 公司为奔驰公司改装的 OM352 双燃料发动机是采用电控多点喷射的典型代表[68-71]。

图 1.3 为 Caterpillar3208 自然吸气式双燃料发动机电控系统示意图，整个系统由天然气供给系统、引燃油供给系统和电子控制单元（ECU）三个部分构成。电控单元通过传感器测定发动机的一系列参数，确定发动机的运行工况，并控制油泵调节齿杆和天然气流量控制阀的位置，根据发动机不同工况下性能和排放的需求，灵活地调整天然气、引燃柴油的喷射时刻和喷射量。但这种改装方式仍不能精确控制进入各气缸的天然气量[72]。

美国康明斯公司研制的 B5.9-195G 型天然气发动机采用的是电控混合器供气方式，并进行分组式点火，同时还采用了稀燃及闭环空燃比控制技术，降低了燃烧温度，提高了发动机的热效率，满足了美国的 LEV（Low Emission Vehicles）汽车低排放标准。

随着机械与电子行业的发展，电控气体喷射系统的出现使得天然气发动机技术得到进一步的发展，它可根据不同的工况控制气体喷射脉宽以获得需要的空燃比，并可通过闭环控制更精确地控制天然气喷射量[73,74]。日本本田公司的天然气发动机 Civic 电控喷气系统为顺序多点喷射，气体喷射器安装在发动机进气歧管上。在此基础上，为了改善天然气发动机的相关性能，减少功率损失，还对发动机排气门、排气系统等均进行了改造，并将原机压缩比提高到 12.5，使发动机的排放值明显降低，其排放指标仅为超低排放汽车标准的 1/10。

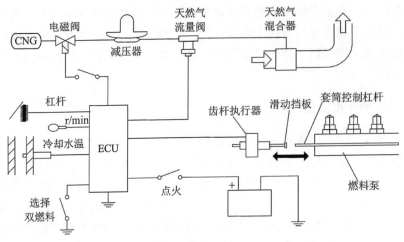

图 1.3　Caterpillar 双燃料发动机电控系统示意图

　　IVECO 公司开发的 6 缸 9.5 升功率为 162kW（采用涡轮增压）的 846OTCCNG 型号发动机采用了电控多点顺序喷射系统，并将该款发动机广泛应用于公交车和垃圾车；日本的 4BEI 型、美国卡特彼勒的 3306 型和福特 380 型、底特律柴油机公司的 50G 系列等单燃料 CNG 发动机也都具有上述喷射技术。美国底特律柴油机公司（DDC）在 DDC6V-92TA 柴油机上改装的双燃料发动机都应用了天然气电控缸内直喷 GDI 系统，并采用专用喷气装置，通过电子控制实现天然气的缸内直接喷射、稀薄燃烧，最后结合催化技术实现发动机超低排放[75-77]。

　　进入 20 世纪 90 年代后，国外天然气汽车发展呈现出专业化、规模化的趋势。许多国外汽车生产厂纷纷推出装配大功率电控 CNG 发动机的天然气汽车（NGV），其发动机采用先进的电控技术，具有强劲的动力和优良的排放性能[78-85]。

1.2.3　国内研究发展现状

　　我国对燃气发动机及其电控技术的研究起步较晚，无论在理论基础研究方面还是技术应用水平上与国外相比都有很大的差距，目前还处于自主开发电控喷气技术的发展阶段。

　　1998 年初北京石油勘探设计院改装了国内首辆柴油/天然气双燃料汽-JN362 黄河自卸车。从 1998 年以来，上海柴油机股份有限公司在天然气发动机新产品的研发上取得了丰硕的成果，2006 年开发的 T6114ZLQ3B 型 CNG 发动机，采用了电控单点喷射系统，可根据发动机工况变化对燃气实现精确控制。中国科学院广州能源研究所进行了深入研究，先后与重庆红岩机械厂、广州宇联机电公司、瑞士 ABB 公司、淄博柴油机厂合作，进行了柴油机改装燃气内燃机用于生物质秸秆气发电的研发工作，先后研发出 250kW、300kW、450kW 生物质气体内燃机，并成功应用于低热值、高焦油、高焦油含量的生物质气化发电过程[86]。胜利油田动力机械集团股份有限公司生产的瓦斯气、焦化尾气、沼气、高炉煤气 300kW、400kW、500kW、600kW 等系列低热值气体燃料发电机组在国内外得到广泛应用，初步实现了产业化[87,88]。根据不同机型和不同使用场合，分别采用机械控制混合和闭环电控混合进气系统，其特点：一是燃气进气压力为常压，不需要单独对气体进行加压；二是能够适应各种可燃性气体，如沼气、水煤气、发生炉煤气和化工生产中施放的以一氧化碳、甲烷、乙炔或氢气等为主的可燃性气体。

能源的短缺，环境保护意识的加强，国家对气体燃料发动机研究投入的加大，促进了国内气体燃料发动机电控技术研究的开展。在国家自然科学基金的资助下，吉林工业大学率先开展天然气发动机缸内喷气技术的研究工作，并已实现点燃式内燃机机型的天然气电控缸外进气阀处喷射和电控缸内喷气；合肥工业大学在国家自然科学基金资助下开展的点燃式煤层气发动机系统建模及空燃比控制研究，采用电控双阀式气体燃料混合器方案，并对控制系统模型以及其中的数个关键传感器做了较深入的研究；天津大学、长安大学等院校在天然气稀燃技术方面均做了大量研究工作，处于国内领先水平。

近几年来，我国在单一天然气发动机电控技术上进行了初步尝试和研究。潍坊柴油机厂成功地试制了国内首台用柴油机改造的大型公交车用单燃料 CNG 电控发动机，采用了电控混合器方式。北京理工大学进行了由汽油机改造的多点顺序间歇喷射天然气发动机的研究[89]，吉林工业大学在 175E 汽油机基础上进行了电控缸内直喷技术方案的研究，通过提高发动机压缩比和利用缸内喷射技术可较大幅度地提高天然气发动机的功率[90,91]。北京交通大学以潍坊柴油机厂 WD615 系列柴油机中的 WD615.67 增压柴油机为原型机，开发了单燃料 CNG 电喷发动机控制系统，采用电控天然气多点顺序喷射、电控高能直接点火、空燃比闭环控制等技术，集成为单燃料天然气发动机集中控制系统。

国内对气体燃料发动机的产业化开发才刚刚开始，发动机多数是在现有柴油机或汽油机上简单改装而成的，大部分改装的发动机采用控制精度不高的机械式控制系统，性能较好的电控系统需要从国外进口，价格很高，使天然气发动机不存在价格上的优势，未能形成批量生产能力，限制了我国气体发动机的推广应用。国内市场迫切需要大功率、低排放的气体燃料发动机，特别是满足排放法规要求的大功率气体燃料发动机。

1.3 气体发动机电控喷射装置的研究进展

通过前面的研究可知，气体发动机采用电控喷射系统，尤其是采用电控多点顺序间歇喷射供给方式，可以实现根据发动机工况对喷射阀的运动规律进行实时、准确、独立的控制，进而实现对气体燃料喷射量的精确控制，并可以有效地解决扫气期间由于混合气扫气所引起的相关问题，是气体燃料发动机的主要发展方向之一。而在电控喷射整个供气系统中，气体燃料电控喷射装置是最终的执行元件，其控制特性、响应速度、落座速度和流量特性等对整个电控喷射供气系统以及气体发动机的相关性能有着很大的影响，是整个电控喷射供气系统中最关键的部件之一，近年来一直受到国内外相关研究机构的关注。

目前研究的气体发动机电控喷射装置在驱动部件上都采用电磁铁方式，在执行部件方面大都采用球形阀、孔阀或针阀的形式。其主要结构原理大都如图 1.4 所示，该喷射装置是由我国贵州红林机械公司和美国 CAP 公司联合开发的[92]。当喷射阀不工作时，电磁线圈不通电，此时在回位弹簧的作用下，球阀处于关闭状态；当需要喷射阀工作时，电子控制单元发出驱动电流，极靴与衔铁之间产生的电磁力使衔铁克服回位弹簧力及燃气压力带动衔铁向右运动，使球阀打开，将气体燃料喷射入发动机进气道内。

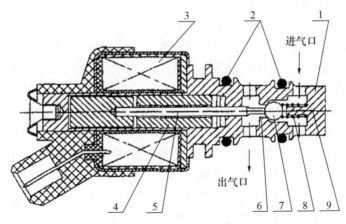

图 1.4　典型的球阀气体燃料喷射装置

1—阀体；2—O 型阀；3—电磁线圈；4—极靴；5—衔铁组件；

6—阀座；7—钢球；8—回位弹簧；9—弹簧座

此外，具有类似结构和工作原理的气体燃料电控喷射装置还有德国 Bosch 公司生产的用于单点喷射的 Y280 K40 485 型号喷射装置、美国 CAP 公司生产的用于多点喷射的 Servo-Jet 型号喷射装置、荷兰 VIALLE 公司的多点喷射装置以及德国 Hoerbiger 公司生产的 GV22[93]（图 1.5）。此类气体燃料喷射装置虽然体积比较小、便于安装，但由于喷射装置的气体进口和出口截面积较小，无法实现大流量喷射，限制了大功率气体发动机的负荷调节范围，特别是在应用低压、低热值气体燃料需要加大气体体积流量的场合。

博世公司单点喷射装置　　　　CAP公司多点喷射装置

Vialle公司多点喷射装置　　　贺尔碧格公司多点喷射装置

图 1.5　典型的气体燃料喷射装置

考虑到上述喷射装置存在的喷射流通截面积小的问题，德国的 HEINZMANN[94] 和 HOERBIGER[95] 两家公司分别提出了如图 1.6 和图 1.7 所示的气体燃料电控喷射装置。

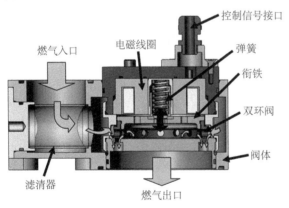
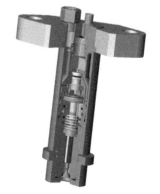

图 1.6　HEINZMANN 公司的气体燃料电磁喷射阀　　　图 1.7　HOERBIGER 公司的气体燃料电磁喷射阀

上述两类气体燃料喷射装置采用了流通截面积更大的盘阀结构，解决了球形阀或针阀存在的进出口流通截面积较小、无法实现大流量喷射的问题，但同时也带来喷射装置体积变大、对安装空间要求更高以及结构复杂等问题。更重要的是，上述所有气体燃料喷射装置均采用电磁铁驱动方式，该类驱动方式存在控制特性差、响应缓慢和落座速度大等问题，影响着喷射装置的控制精度、工作可靠性和使用寿命[96]。

1.4　电磁直线执行器的研究进展

目前研究的气体燃料喷射装置大都是基于电液驱动和电磁驱动[97]的原理，考虑到电液式气体燃料喷射装置存在体积大和结构复杂等不足，本书采用了电磁式的气体燃料喷射装置，其核心部件为电磁直线执行器，通过电能驱动气体燃料喷射装置的阀体开启和关闭，从而实现多点顺序间歇供气方式。

电磁直线执行器[98-101]是一种将电能直接转换成直线运动机械能的机电传动装置，按照工作原理通常可以分为直线感应执行器、直线同步执行器、直线直流执行器和其他特殊直线执行器等[102-105]。

直线感应执行器依靠电磁感应的作用，在动子绕组内产生感应电流从而实现电能到直线运动的能量转换。具有结构相对简单、速度高、工艺简单和工作可靠等优点，但其端部效应较为明显，功率密度较低。

在直线同步执行器中，定子产生气隙磁场，对动子产生电磁推力作用，从而实现动子的直线运动。与直线感应执行器相比，直线同步执行器具有更大的驱动力和优越的控制性能，但其运动部件大都为永磁体，受到冲击时容易破碎，若采用励磁绕组作为动子，则能耗较高[106-110]。

直线直流执行器将直流电能转换成直线运动，主要可以分为动圈式和动磁式两种类型。与直线感应执行器和直线同步执行器相比，直线直流执行器具有较高的运行效率和功率密度、控制方便灵活等优点，可以在气体燃料喷射装置中得到应用[111-113]。

除此之外，还有直线压电执行器和电磁铁等特殊直线执行器，直线压电执行器[114]基于逆压电效应的工作原理，当对晶体施加交变电场时，将引起晶体的机械变形而产生直线运动。鉴于其工作原理的限制，直线压电执行器的行程较小，不宜在气体燃料喷射装置中应用。电磁铁利用通电螺线管对衔铁的吸力驱动衔铁的直线运动，目前在液体燃料喷射装置中广为使用，但一般此类喷射装置的喷口较小，而低热值气体燃料所含杂质较多，容易产生堵塞；而且此类喷射装置的电磁力和电流之间呈现强烈的非线性，可控性较差，不利于进气量的柔性化控制。

目前，针对电磁直线执行器的设计研究主要采用有限元分析的方法对磁路结构进行优化分析[115,116]，以提高电磁直线执行器的功率密度并减小推力波动；而针对电磁直线执行器的控制研究主要在于寻求合适的控制方法以实现电磁直线执行器位置的精确控制和较快的响应速度。

本书提出一种基于动圈式电磁直线执行器的气体燃料电控喷射装置技术方

案，并对其进行创新设计，开展气体燃料发动机燃料喷射装置及混合气控制技术研究，有益于显著提升相关气体燃料发动机产品的档次和竞争力，以自主创新来打破国外的技术垄断，推进相关产业实现重大技术突破。

1.5　本课题的主要研究内容与结构

本课题以一种大功率发动机气体燃料电控喷射装置为研究对象，提出了一种基于动圈式电磁直线执行器的气体燃料电控喷射装置，从机构设计、控制器设计、流量特性、应用气体燃料电控喷射装置的发动机设计及气体燃料发动机混合气形成过程的数值模拟等方面进行了详细的研究，并到企业进行了实机试验与验证。本书各章节内容安排如下：

第 1 章绪论，首先介绍了研究的背景，综述了国内外气体电控喷射装置研究发展现状及电磁直线执行器的研究进展，分析了气体燃料电控喷射装置研究的重要意义。

第 2 章主要论述了气体燃料电控喷射装置的设计研究。首先对气体燃料电控喷射装置研究进行了分析，提出良好的电控喷射装置是大功率气体燃料发动机的关键技术。讨论了设计方案和主要设计参数的确定原则，设计出了一类应用动圈式电磁直线执行器和菌型阀结构的气体燃料电控喷射装置，能够以多点顺序间歇供气方式，定时、定量地将气体燃料喷射入发动机每一气缸靠近进气道的进气歧管内，有效防止进气道及进气管内的回火现象，并可充分扫气，实现各缸空燃比的实时、准确、独立调节。研制的样件经过试验验证，在气门最大升程为 4 mm 时，关闭到开启（或开启到关闭）的过渡时间为 5 ms，工作稳定可靠，可以满足发动机的大流量、高响应等要求，为大功率气体燃料发动机性能提升打下了良好的基础。

第 3 章主要论述了气体燃料电控喷射装置流量特性的研究。建立了气体燃料喷射装置的流动数值模拟计算模型，计算了稳态和非稳态工况下的流量特性并进行了试验验证。明确了电控喷射装置的流量特性随着气门升程、气门外径、压差和气门开启时间等主要设计及控制参数变化的规律，建立了可直接用于气体燃料喷射量调节控制的气体燃料喷射量 G 和气门总开启时间 Δt 的映射关系，为气体燃料电控喷射装置的设计打下了良好的基础。

第 4 章主要论述了应用气体燃料电控喷射装置的发动机设计研究。本章在对原发动机燃料供给系统进行分析的基础上比较了单点/双点喷射布置方案，并提出了多点顺序间歇喷射布置方案。研制了发动机整机控制器，以转速为控制目标设计了发动机控制方案，设计了模拟信号输入端口和 PWM 控制信号输出端口多路复用的技术方案。此外，提出了在进一步的研究中发动机控制器综合设计应实现的功能，对发动机空燃比进行了闭环控制。最后给出了改进的发动机控制器方案。

第 5 章主要论述了气体燃料发动机混合气形成过程的数值模拟研究。建立了气体燃料发动机应用电控喷射装置后某一缸的非稳态 CFD 计算模型，并在此基础上研究了喷射装置不同的控制参数和安装参数对气体燃料进气和混合过程的影响。确定了气体燃料电控喷射装置喷射脉宽的调节范围，以保证扫气期内不会出现气体燃料流失的问题和实现发动机进气结束时进气道内基本已无气体燃料的目标。确定了在喷射装置气门外径、气门最大升程和最大喷射脉宽无法改变时，通过增加气体燃料和进气空气的压力差值来增加喷射量的方法，以解决高负荷时气体燃料进气量不足的问题。分析比较了不同的喷射装置安装位置下气体燃料进气过程的变化情况，并明确了喷射装置靠近燃烧室后对提高气体燃料进气充分程度的优势。

第 6 章主要论述了应用气体燃料喷射装置的大功率发动机的实机验证性试验研究。进行了包括发动机启动、怠速稳定性、各缸均匀性调整以及给定转速下增减不同负荷的试验，自行研制的电控喷射装置具备良好的控制特性、高响应速度和低落座速度等优势，能够将气体燃料定时、定量地喷射到发动机每一气缸靠近进气道的进气歧管内，实现多点顺序间歇的供气方式以及对各缸空燃比的实时、准确、独立调节，验证了技术的可行性。

第 7 章对本书的主要研究成果及创新点进行总结，并对下一步的研究工作进行了展望。

第2章 气体燃料电控喷射装置的设计研究

性能良好的电控喷射装置应能够以多点顺序间歇的方式供气,定时、定量地将气体燃料喷射入发动机每一气缸进气道前的进气歧管内,有效防止进气道及进气管内的回火现象,又可充分扫气,为各缸空燃比的实时、准确、独立调节提供前提条件。目前气体燃料发动机的电控喷射装置绝大部分采用电磁铁驱动方式,并且在一些流量较小的气体燃料喷射装置中大多采用针阀或球阀形式[96]。此类喷射装置由于工作行程和喷射截面积都较小,不利于大流量的气体燃料喷射。考虑到大功率气体燃料发动机需要电控喷射装置满足供气量的要求,特别是在应用低压、低热值气体燃料的场合,有着更大供气量的需求。本章针对目前采用电磁铁驱动方式所存在的工作行程较小、喷射流量小、控制特性差和低落座速度大等问题。提出了一类应用动圈式电磁直线执行器和菌型阀结构的气体燃料电控喷射装置[117]。

2.1 结 构 设 计

2.1.1 执行部件的设计

目前在一些流量较小的气体燃料喷射装置中,大多采用针阀或球阀形式。但对于本书设计的大功率气体燃料发动机电控喷射装置,为满足发动机的大流量要求,采用了流通截面积更大的菌型阀结构。

与电控喷射装置喷射流量相关的主要参数包括决定喷射装置有效流通截面积的气门升程 L 和阀盘直径 D 等设计参数和气门开启时间 Δt、压差 Δp 等控制参数,有

$$G = f(L, D, \Delta t, \Delta p) \tag{2.1}$$

其中,气门升程 L 与阀盘直径 D 的确定有一定的关联性,可用式(2.2)进行估算:

$$(1.5 \sim 2.0)4L = D \tag{2.2}$$

电控喷射装置的喷射脉宽以及气体燃料与进气空气的压力差值可以根据发动机工作负荷需要进行调节,所需的流通截面积可由式(2.2)和通过计算流体力学(Computational Fluid Dynamics,CFD)方法估算。基于此,确定了气门直径为28mm,最大气门升程为4mm。

2.1.2 驱动部件

对于实现多点间歇供气方式的气体燃料电控喷射装置,目前均采用电磁铁驱

动方式。该类喷射装置由于工作行程较小，很难实现气体燃料的大流量喷射，特别是在一些应用低热值气体燃料并需要加大容积流量的场合。与此同时，该类装置还存在控制特性差、落座速度大等影响喷射装置工作可靠性的问题。

　　针对目前电磁铁驱动方式存在的问题，本书应用了一种已获国家发明专利授权的动圈式电磁直线执行器[24]作为驱动部件，其结构主要由内磁轭、外磁轭、永磁体和电磁线圈组成。并采用了有效流通截面积更大的菌型阀结构，以满足大功率气体燃料发动机对喷射装置大流量的要求。

　　图2.1给出了动圈式电磁直线执行器结构原理图。其中，处在内磁轭和永磁体所形成的气隙磁场中的电磁线圈通电后，会受到沿轴向方向且大小与电流大小成近似正比的洛伦兹力，通过控制电流的大小和方向可实现对气门运动规律的控制。与电磁铁驱动方式相比，采用动圈式电磁直线执行器驱动方式具有工作行程大、响应速度快和控制特性好的优点[25]。

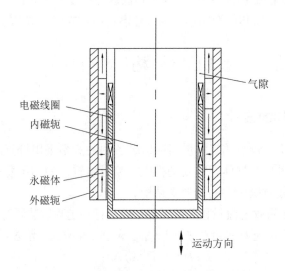

图2.1　动圈式电磁直线执行器结构原理图

　　所研制的电控喷射装置拟匹配的气体燃料发动机的最高转速为1500r/min，此时发动机转过一转的时间为40ms，一个行程占用的时间为20ms，由于发动机存在进气提前角和迟闭角，所以发动机进气过程的实际持续时间应大于20ms。因此，可初步设定最大气门升程为4mm，喷射装置从关闭到开启到最大升程（或从最大开启位置到关闭）的过渡时间为5ms。同时，菌型气门关闭时与气门座圈之间的撞击应限制在一定的范围之内，否则将影响电控喷射装置的可靠性和使用寿命，一般认为允许的最大气门落座速度为0.1 m/s。以上述参数为目标，对动圈式电磁直线执行器进行设计。为使气门在限制的时间内开启到一定的升程，且落座速度越小越好，理想情况下过渡过程应先以等加速度加速，再以大小相同的反向加速度减速运动，气门到达关闭位置时速度恰为 0。由此得到的需要的加速度为 640m/s²，运动部件（包括线圈和气门等）的质量为 100g，由牛顿第二定律可得电磁直线执行器应达到的驱动力为 64N。考虑摩擦和线圈电感等的影响以及为控制调节留有余地，最终确定喷射装置最大驱动力为 80N。应用有限元分析方法计算分析了动圈式电磁直线执行器的内部电磁场分布以及电磁驱动力，并以运动部件的加速度可达到最大为优化目标，在一定的外形尺寸条件下，以永磁体尺寸、气隙大小、磁轭厚度和线圈尺寸等为变量进行了设计参数优化，最终得到了较为理想的设计方案[118]。

2.1.3　设计方案

　　基于上述分析研究，对电控喷射装置进行了结构设计，主要包括电磁直线执行器、菌型气门、气门位置传感器、连接架、密封膜片、阀体上盖、阀体和气门座圈等元件，详见图 2.2。

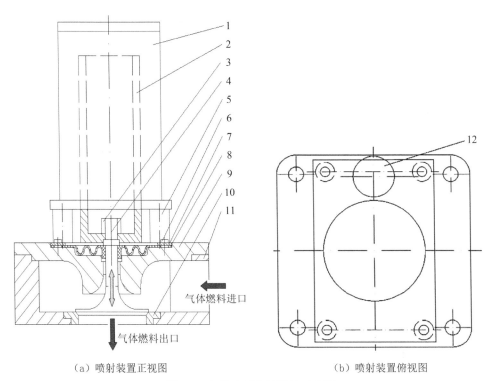

（a）喷射装置正视图　　　　　　　　　　（b）喷射装置俯视图

图 2.2　电控喷射装置结构示意图

1—电磁直线执行器；2—电磁直线执行器运动部件；3—螺母；4—菌型气门；

5—连接架；6—螺钉；7—密封膜片，压板；8—密封膜片；9—阀体上盖；

10—气门座圈；11—阀体；12—气门位置传感器

其中，作为驱动部件的电磁直线执行器 1 为伺服直线电机，该元件与菌型气门4 和气门座圈 10 的中心轴线重合。连接架 5 将电磁直线执行器和阀体上盖 9 固定在一起，阀体上盖安装在阀体 11 的上部并形成一空腔体，并通过圆形台阶对两者进行定位。阀体的一侧设计有与外部气体燃料供给管路相连的气体燃料进口。气门座圈 10 通过过盈配合装在阀体底部，并将其密封锥面与菌型气门 4 的密封锥面设计为相同的角度，呈以向上或向下的 45 度扩张角为佳。菌型气门的杆部外圆与可沿其轴线运动的电磁直线执行器运动部件 2 上的内孔相配合，并在上部用螺母将两者固定为一体，使其可共同沿气门轴线做直线运动。菌型气门的杆部设计一凸台，以起到对可沿其轴线运动的电磁直线执行器运动部件和密封膜片 8 的轴向定位作用。密封膜片的材质采用有防止气体燃料泄漏功能的耐腐蚀橡胶材料，并制成波纹形状，其外圆侧由螺钉 6 和密封膜片压板 7 固定在阀体上盖上部，内圆侧则固定在菌型气门的杆部。在电磁直线执行器的一侧装有气门位置传感器 12，气门位置传感器采用基于磁阻原理或差动变压器原理的位置传感器为佳。

电控喷射装置的工作原理简述如下，应用电磁直线执行器作为驱动元件，通过驱动电流和气门位置的双闭环反馈控制实现菌型气门的运动控制，从而实现电控喷射装置的开关控制。当需要气体燃料喷射时，电磁直线执行器运动部件驱动菌型气门迅速向上运动并达到气门最大升程，随即保持在最大升程位置，当需要菌型气门关闭时，电磁直线执行器通以反向的驱动电流，运动部件驱动菌型气门迅速向下运动，当气门运动到最下端时，落在气门座圈上，切断气体燃料喷射，实时电控驱动电流的大小来控制落座速度低于一定限值。气体燃料喷射量与保持在最大升程位置的时间或喷射脉宽相关，可根据需要实时调节。

2.2　控制器的设计与实现

为了实现大功率气体燃料发动机空燃比的精确控制，应实现气体燃料喷射量的精确控制；同时应降低气门落座速度以确保电控喷射装置的工作可靠性和寿命。电控喷射装置气门运动的精确、快速控制是上述问题的关键。本书以高性能的数字信号处理器（DSP）TMS320F2812 作为核心处理器，设计了电控喷射装置的控制器，以满足系统应用需求。

2.2.1　气体燃料电控喷射装置的控制器系统结构

电控喷射装置的控制器硬件主要由 DSP 控制器、功率驱动模块和信号调理模块组成（图 2.3）。

DSP 控制器主要完成反馈信号的采集、控制算法实现和控制信号输出等功能。功率驱动模块由隔离驱动电路和 H 型桥式电路组成，根据 DSP 控制器输出的控制信号驱动喷射装置，实现特定的开启和关闭规律。信号调理模块主要包括电流传感器、位移传感器和信号调理电路，为 DSP 控制器提供电流和位移反馈信号。

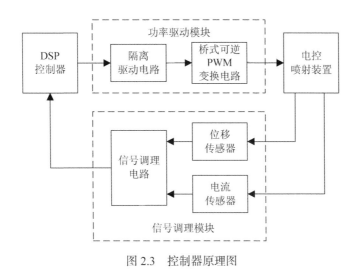

图 2.3　控制器原理图

2.2.2　控制器硬件设计与实现

1. DSP 主控模块设计

电控喷射装置控制器以 TI 公司的 32 位定点数字信号处理器 TMS320F2812 为核心处理器，其处理主频为 150MHz，具有优越的运算能力和丰富的外围设备，为电控喷射装置提供了高性能、低成本的控制系统解决方案。

DSP 主控模块的框图如图 2.4 所示，主要包括 AD 转换电路、JTAG 仿真接口电路、以太网接口电路和 PWM 输出电路等。AD 转换电路主要采集气门位移信号和电控喷射装置的控制电流信号，通过两片 ADI 公司的 AD7656 扩展了 12 路模拟量输入，AD7656 是高集成度、6 通道、16 位逐次逼近型 ADC，可实现每通道达 250kSPS 的采样率，并且在片内包含一个 2.5V 内部基准电压源和基准缓冲器，输入电压范围为±10V。JTAG 电路用以实现 DSP 芯片的仿真调试和程序的烧写。控制器和上位机之间的通信通过一片以太网控制器芯片 CS8900A 扩展的以太网接口实现，使用免费公开的 Winpcap 软件系统进行数据传输。TMS320F2812 包含了两个事件管理器 EVA 和 EVB，而每个事件管理器模块又包括定时器、比较器、捕捉单元、PWM 单元和中断逻辑电路等，是机电设备控制应用中非常重要的外设。通过 PWM 单元产生的输出信号控制电控喷射装置的驱动电流，从而实现特定的气门运动规律。

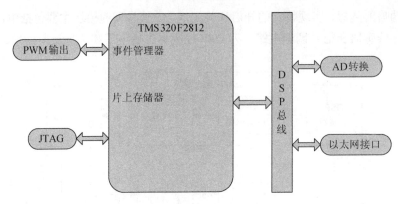

图 2.4　DSP 主控模块框图

2. 电源模块设计

电控喷射装置控制器中的电源主要包括给 DSP 主控模块供电的 5V 电源、给电流传感器和位移传感器供电的 ±15V 电源，以及给 DSP 芯片供电的 3.3V 电源。

电控喷射装置控制器通过一个 24V、3A 的电源适配器供电，5V 和 ±15V 分别由模块电源 THN 15-2411WI 和 TEN 20-2423WI 提供。THN 15-2411WI 和 TEN 20-2423WI 是瑞士 Traco Power 公司生产的 DC-DC 模块电源，工作温度范围为 −40～85℃，可以满足工业级要求，其性能指标如表 2.1 所示。

表 2.1　DC-DC 电源模块性能指标

性能指标	THN 15-2411WI	TEN 20-2423WI
输入电压范围/V	9～36（额定 24）	10～40（额定 24）
输出电压/V	5	±15
输出电流/A	3	±1
转换效率/%	86	86
纹波和噪声（最大）/ mV	100	100

模块电源的接口电路如图 2.5 所示，为了减小纹波、提高电源质量，分别给模块电源的输入和输出加了电容滤波。

为 DSP 芯片供电的 3.3V 电源通过模块电源输出的 5V 电压转换获得，由电源芯片 TPS7333 实现。TPS7333 是一种低压差（Low Dropout）线性稳压器，输入电压范围为 3.77～10V，工作温度范围为 −40～125℃，其接口电路如图 2.6 所示。

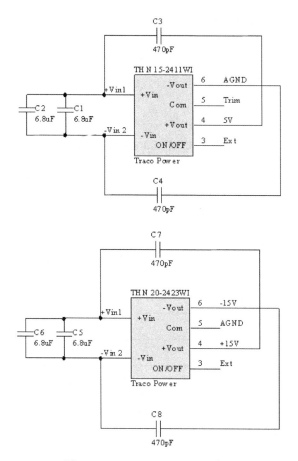

图 2.5　5V 和 ±15V 电源电路

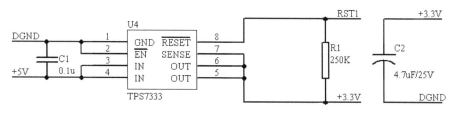

图 2.6　3.3V 电源电路

控制器中的模拟地 AGND 和数字地 DGND 通过磁珠在一点相连，且与电控喷射装置驱动部分的功率地 PGND 通过 DC-DC 模块电源隔离。

3. 信号反馈模块设计

信号反馈模块主要实现气门位移信号和控制电流信号的快速精确反馈，以实现气门运动规律的精确控制。

电控喷射装置中气门运动为持续的高速往复运动，气门位移的检测应通过非接触式位移传感器实现，并依据高精度、高频率响应、低成本和抗干扰等原则选取。控制系统中采用了 Schaevitz 公司开发的 LCIT 500 电感式位移传感器，其技术参数如表 2.2 所示。

表 2.2　LCIT 500 主要技术参数

参数	数值
输入电压/ V	7～36
输出电压/ V	0.5～4.5
量程/mm	12
线性度	0.25%
频率响应/kHz	1
直径/mm	30.5
长度/mm	60

LCIT 与常规的电感式位移传感器不同，采用 LCIT 的专利线圈和特殊电路设计，大大提高了频率响应又不增加噪声，采用非接触式测量，且降低了铁心重量。具有较高的测量精度、卓越的分辨率和重复性，是动态应用的理想产品，但保持了标准电位计的价格。

电控喷射装置的控制电流采用双环系列闭环霍尔电流传感器 TBC-10SY 测量，其初级和次级之间相互绝缘，抗干扰能力强，主要技术参数如表 2.3 所示。

表 2.3　TBC-10SY 电流传感器技术参数

参数	数值
输入电压/V	±15
输出电压/V	±4
量程/A	±30
线性度	0.1%
响应时间/μs	1

位移传感器和电流传感器的输出均为模拟电压信号，DSP 主控模块可直接通过 AD 转换接口采集。

4. 功率驱动模块设计

如图 2.7 所示功率驱动模块主要包括隔离驱动电路和桥式可逆 PWM 变换电路。其中隔离驱动电路主要实现控制信号和功率驱动中的大电流信号之间的隔离，阻断信号干扰，并将主控模块输出的 PWM 信号转换为可驱动桥式可逆电路功率器件的驱动信号。

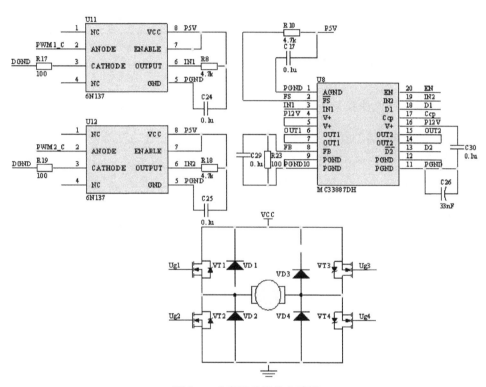

图 2.7　功率驱动模块电路图

功率驱动模块电路如图 2.7 所示。驱动部分和控制部分的信号隔离通过高速光耦 6N137 实现，其传输速率可达 10Mbit/s，可满足高频的 PWM 控制信号的传输。驱动电路基于摩托罗拉公司生产的 H 型集成驱动芯片 MC33887，具有驱动能力强和自保护功能等特点，其特性如表 2.4 所示。桥式可逆 PWM 变换电路由四个 MOSFET IRF3205 组成，其最大工作电压为 55V，最大工作电流为 110A。

表 2.4 驱动芯片 MC33887 性能参数

参数	数值
工作温度/℃	−40～125
工作电压/V	5～40
PWM 频率/kHz	10
驱动电流/A	5
	短路、欠电压、过流、过温保护功能
	故障警告输出功能

2.2.3 控制器软件设计与实现

1. 控制系统软件框架

电控喷射装置的 DSP 控制器软件采用模块化程序设计方法开发，主要由主程序和中断服务子程序组成，控制系统软件框架如图 2.8 所示。

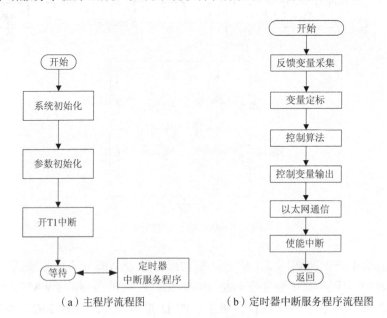

（a）主程序流程图　　　　（b）定时器中断服务程序流程图

图 2.8 控制系统软件框架

主程序主要完成控制软件中各种变量的定义、赋值和系统的初始化等功能。气门运动的精确控制主要在定时器 T1 中断服务子程序中完成，主要包括反馈变量的采集、变量的定标、控制算法实现、控制量输出和通信等功能，每个功能均由相应子程序完成。

2. 逆系统控制方法

气体燃料喷射量的精确控制和电控喷射装置工作的可靠性要求实现气门运动的精确和快速控制，受线圈电感变化、漏磁和涡流等因素的影响，电控喷射装置是一个具有非线性特性的系统，直接对该非线性系统进行控制具有一定的难度。本书使用一种非线性反馈线性化方法——逆系统控制方法将电控喷射装置这一非线性系统变换为线性系统，继而按照线性系统理论完成系统综合，按照线性系统的控制方法实现特定的系统性能。该方法不依赖于对非线性系统的求解或稳定性分析，而只需要研究系统的反馈变换，从而简化了非线性系统的控制问题。

逆系统控制方法的可行性在本课题组相关课题的研究[119]中已经得到了验证，可以实现电磁直线执行器的位移精确控制，且具有响应速度快和系统鲁棒性好等优点，本书仅对其进行原理性描述。

基于逆系统控制方法的电控喷射装置系统控制器结构如图 2.9 所示，首先建立电控喷射装置的系统方程组，构建其系统模型，该系统称为电控喷射装置原系统；在建立的原系统的基础上，分析电控喷射装置系统的可逆性，并求解得到其逆系统，将逆系统与原系统相串联，即可得到具有线性传递关系的伪线性系统，至此，非线性系统已变换为线性系统。然后，应用状态反馈方法对伪线性系统进行控制，根据电控喷射装置的响应要求对系统的极点进行配置，可以使系统达到最佳性能。由于状态反馈控制方法要求伪线性系统的所有变量均可测量，而在实际的控制系统中，为了便于工程实现，仅对气门位移和控制电流进行了反馈检测，因此构建了状态观测器来获得其他状态变量。

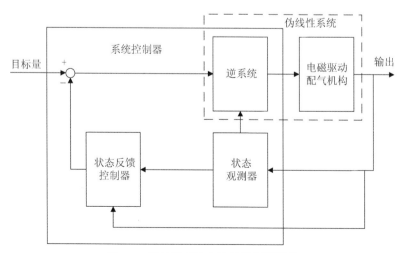

图 2.9　基于逆系统方法的控制器结构

2.3　试　验　验　证

2.3.1　样机研制与静态性能测试

在设计方案的基础上，完成了气体燃料电控喷射装置样机研制，电磁直线执行器的结构参数和系统参数如表 2.5 所示。首先对电控喷射装置的静态特性进行了测试，电控喷射装置的静态特性主要是指电磁直线执行器的电磁力特性。

表 2.5　电磁直线执行器的结构参数和系统参数

参数	数值
行程/mm	4
直径/mm	36
高度/mm	71
运动件质量/g	86
线圈电阻/Ω	1.4
线圈电感/mH	0.7

电磁力的测试通过一个拉压力传感器实现，测试装置如图 2.10 所示，通过尾部行程调节装置实现不同位置电磁力大小测量。拉压力传感器基于电阻应变效应原理，当有外力作用时，电阻应变片的阻值发生变化，经过转换电路输出与电磁力大小成正比的电压信号。

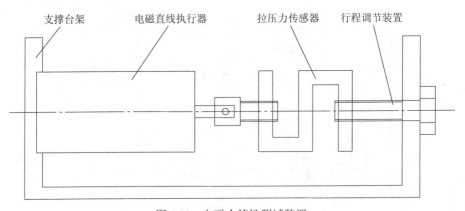

图 2.10　电磁力特性测试装置

实际测量的电磁力特性如图 2.11 所示。

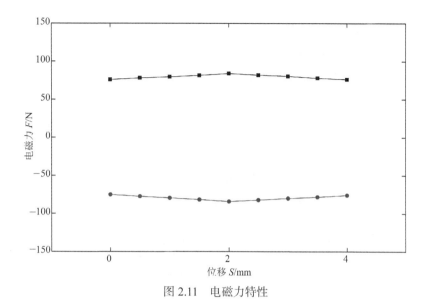

图 2.11　电磁力特性

电磁力在行程中间位置时最大，分别为 84.5N（拉力）和 82.7N（压力），在两端位置时电磁力稍微下降 10%左右，电磁直线执行器这种平滑的电磁力特性对于实现气门运动的精确控制是十分有利的，从而保证喷射量的精确控制和工作可靠性。

为了确保菌型气门和气门座之间的密封，对气门进行了研磨，并通入了压缩空气进行了喷射装置的密封试验验证，确定气门与气门座圈不存在漏气现象之后，再将电磁直线执行器和阀体进行装配，从而保证对喷射量的精确控制，并有效地避免由于喷射装置漏气而引起的发动机回火等问题，为进一步的工程应用打下了良好的基础。图 2.12 给出了所研制的电控喷射装置样机。

图 2.12　气体燃料电控喷射装置样机

2.3.2　动态性能测试

　　电控喷射装置应在接收到控制指令后快速动作，完成菌型气门的开启或关闭，以满足发动机的响应要求。

　　连接电控喷射装置和控制器，并使用 24V 直流电源为电控喷射装置供电。在控制器中模拟实际发动机运行的时序信号，对样件进行了动态性能试验，试验装置如图 2.13 所示。

图 2.13　动态性能测试装置

　　图 2.14 为通过电流传感器和位移传感器实测到的电流和位移曲线，从图中可以看出，在气门最大升程为 4mm 时，关闭到开启（或开启到关闭）的过渡时间小于 5ms，工作稳定可靠。实测气门落座速度低于 0.1m/s，从而保证了工作可靠性与使用寿命。

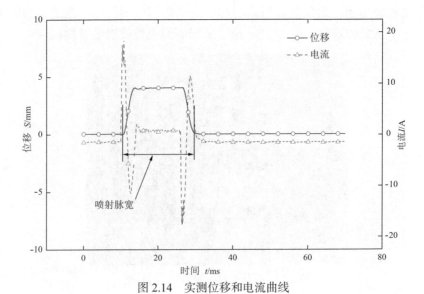

图 2.14　实测位移和电流曲线

　　时间常数是反映电控喷射装置动态性能的重要指标，主要包括电气时间常数和机电时间常数。电气时间常数反映的是线圈电流变化随电压变化的快慢程度，是线圈电感与电阻的比值，为0.5ms。机电时间常数反映电磁力变化时运动部件的速度随之变化的快慢程度。电控喷射装置的机电时间常数为

$$\tau_m = \frac{mR}{k_m^2} = 1.2 \text{ ms} \qquad (2.3)$$

式中，τ_m——机电时间常数；

　　　 m——运动部件质量；

　　　 R——线圈电阻；

　　　 k_m——电机常数。

　　其中，电机常数代表电磁直线执行器的电磁力和线圈电流之比，由电磁直线执行器的结构和材料特性所决定，为 10N/A。

2.4　本　章　小　结

　　针对目前采用电磁铁驱动方式的电控喷射装置所存在的工作行程短、喷射流量小、控制特性差和低落座速度大等问题，本书首先提出了一类应用动圈式电磁直线执行器和菌型阀结构的气体燃料电控喷射装置，然后对该喷射装置的结构设计方案、控制器设计方案和主要设计参数等进行了深入研究，并研制出了电控喷射装置样件，最后对所研制的喷射装置样件进行了静态和动态性能测试试验。试验结果表明，自行研制的电控喷射装置的最大气门升程可达 4mm，气门从关闭到最大开启位置（或最大开启位置到关闭）的过渡时间为 5ms，实测的气门落座速度低于 0.1m/s，具备良好的控制特性、高响应速度和低落座速度等优势，能够实现多点顺序间歇的方式供气，定时、定量地将气体燃料喷射入发动机每一气缸进气道前的进气歧管内，有效防止进气道和进气管内的回火现象，又可充分扫气，为各缸空燃比的实时、准确、独立调节提供前提条件。为进一步的工程应用打下了良好的基础。

第 3 章　气体燃料电控喷射装置流量特性的研究

计算流体动力学（Computational Fluid Dynamics，CFD）作为一种有效的研究手段，近年来在天然气发动机中已有应用，但大多为针对发动机工作过程的研究[120,121]，以定性和定量分析气体燃料电控喷射装置流量特性为目的的研究则未见到。

利用流动数值模拟软件 FLUENT 对自行研发的电控喷射装置的流量特性进行了研究并通过了试验验证，明确了电控喷射装置流量特性随着气门升程、气门外径、压差和气门开启时间等主要设计及控制参数变化的规律。建立了气体燃料喷射量 G 和总气门开启时间 Δt 的映射关系，即 $G = 0.051(\Delta t - 5)$，利用该关系式，通过控制气门总开启时间 Δt 进而可以很方便地实现对每个循环的燃料喷射量进行控制，可直接用于气体燃料喷射量 G 的调节控制，为气体燃料电控喷射装置的工程应用打下了良好的基础。

3.1　CFD 数值计算的数学模型

CFD 数值计算的基本思想是把原来在空间域和时间域上连续的物理场，如压力场和速度场等，通过一定的原则和方式用一系列有限个离散点上的变量值的集合来代替，然后建立起关于这些离散点上场变量之间关系的代数方程，然后求解代数方程组获得场变量的近似值[122]。

由于其不受试验模型和物理模型的限制，具有很强的适应性，所以利用 CFD 可以有效地解决由于试验条件和试验成本限制所无法完成的工作。尤其对于本章所研究的气体燃料电控喷射装置的流量特性试验，由于受到试验设备测试范围的限制，当质量流量加大时，压力差下降，测试装备达不到测试要求，测试数据出现不稳定的情况。所以在大流量情况下，可以应用数值模拟计算来代替试验以完成对电控喷射装置流量特性的研究。

为了进行 CFD 计算，可以通过自己编写程序，也可以借助已有的专用商用软件来完成所需的计算任务。目前国内外比较常用的商用 CFD 软件主要有美国 ANSYS 公司的 FLUENT、英国 Ricardo 公司的 Vectis、奥地利 AVL 公司的 FIRE 以及美国 Los Alamos 国家实验室开发的 KIVA 程序等。但是，不论是已经模块化的商业软件还是自己开发的计算程序，CFD 计算的基本工作过程是相同的（图 3.1）。本书选用了已经成熟化的专用 CFD 计算软件 FLUENT 来进行对自行研制的电控喷射装置自身的流量特性进行研究。

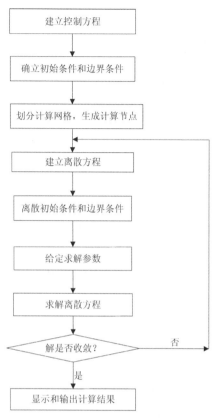

图 3.1　CFD 数值计算过程

3.1.1　CFD 数值计算的基本控制方程

建立流动基本控制方程是进行 CFD 计算的首要条件,其主要包括质量守恒方程、动量守恒方程和能量守恒方程。其中质量守恒方程也可以称为连续方程,主要是指流入控制体内的质量与流出控制体内的质量之差等于控制体内部流体质量的增量,其微分形式为

$$\frac{\partial \rho}{\partial t} + \frac{\partial (\rho u)}{\partial x} + \frac{\partial (\rho v)}{\partial y} + \frac{\partial (\rho w)}{\partial z} = 0 \tag{3.1}$$

式中, ρ ——流体密度;

t ——时间;

u、v、w ——速度矢量分别在 x、y、z 方向的分量。

动量守恒方程又称运动方程,是指在一个给定的流体系统上,遵循牛顿第二定律,其动量随时间的变化率等于作用于系统上的所有外力总和,其微分表达形式如下:

$$\begin{cases} \rho\dfrac{\mathrm{d}u}{\mathrm{d}t} = \rho F_{\mathrm{bx}} + \dfrac{\partial p_{xx}}{\partial x} + \dfrac{\partial p_{yx}}{\partial y} \\[2mm] \rho\dfrac{\mathrm{d}v}{\mathrm{d}t} = \rho F_{\mathrm{by}} + \dfrac{\partial p_{xy}}{\partial x} + \dfrac{\partial p_{yy}}{\partial y} + \dfrac{\partial p_{zy}}{\partial z} \\[2mm] \rho\dfrac{\mathrm{d}w}{\mathrm{d}t} = \rho F_{\mathrm{bz}} + \dfrac{\partial p_{xz}}{\partial x} + \dfrac{\partial p_{yz}}{\partial y} + \dfrac{\partial p_{zz}}{\partial z} \end{cases} \qquad (3.2)$$

式中，F_{bx}、F_{by}、F_{bz}——指单位质量流体上的质量力分别在 x、y、z 方向的分量；

$\quad\quad p_{xx}$——指流体内应力张量的分量。

能量守恒方程主要是将热力学第一定律应用于流体运动，然后用相关流体的物理量将守恒方程内的各项表示出来，其方程形式如下：

$$\frac{\partial(\rho T)}{\partial t} + \mathrm{div}(\rho u T) = \mathrm{div}\left(\frac{k}{C_{\mathrm{p}}}\mathrm{grad}(T)\right) + S_{\mathrm{T}} \qquad (3.3)$$

式中，T——流体温度；

$\quad\quad k$——流体导热系数；

$\quad\quad C_{\mathrm{p}}$——比热容；

$\quad\quad S_{\mathrm{T}}$——黏性耗散。

3.1.2　CFD 数值计算的湍流模型

湍流的普遍存在性决定了它是流动数值模拟中几乎不可或缺的一部分，其核心特征是其在物理上近乎无穷多的尺度和数学上强烈的非线性[123]。经过多年的研究，人们提出了很多湍流模型，其中 FLUENT 提供的模型有单方程 (Spalart-Allmaras)模型、双方程模型、雷诺应力模型和大涡模型，其中双方程模型又可以分为：标准的 k-ε 模型、重整化群 k-ε 模型和可实现 k-ε 模型。而标准的 k-ε 模型由于其计算精度较高、比较贴近工程应用，是目前应用比较广的一种湍流模型。该模型需要求解湍动能 k 及其耗散率 ε 方程，具体方程形式如下：

$$\begin{cases} \rho\dfrac{\mathrm{d}k}{\mathrm{d}t} = \left[\left(\mu + \dfrac{\mu_{\mathrm{t}}}{\sigma_{\mathrm{k}}}\right)\dfrac{\partial k}{\partial x_i}\right] + G_{\mathrm{k}} + G_{\mathrm{b}} - \rho\varepsilon - Y_{\mathrm{M}} \\[3mm] \rho\dfrac{\mathrm{d}\varepsilon}{\mathrm{d}t} = \left[\left(\mu + \dfrac{\mu_{\mathrm{t}}}{\sigma_{\varepsilon}}\right)\dfrac{\partial\varepsilon}{\partial x_i}\right] + C_{1\varepsilon}\dfrac{\varepsilon}{k}(G_{\mathrm{k}} + C_{3\varepsilon}G_{\mathrm{b}}) - C_{2\varepsilon}\rho\dfrac{\varepsilon^2}{k} \end{cases} \qquad (3.4)$$

式中，G_{k}——平均速度梯度引起的湍动能产生项；

$\quad\quad G_{\mathrm{b}}$——浮力引起的湍动能产生项；

Y_M——可压缩湍流脉动膨胀对耗散率的影响；

μ_t——湍流黏性系数；

$C_{1\varepsilon}=1.44$，$C_{2\varepsilon}=1.92$，$\sigma_k=1.0$，$\sigma_\varepsilon=1.3$ 为默认常数。对于可压流体，当主流方向和重力方向平行时，$C_{3\varepsilon}=1$，当两者垂直时，$C_{3\varepsilon}=0$。

3.2　气体燃料电控喷射装置的三维模型

参考第 2 章所介绍的气体燃料电控喷射装置的结构和工作原理建立了如图 3.2 所示的电控喷射装置的三维几何数值模型。

在此基础上，利用三维数模软件 CATIA 对气体燃料电控喷射装置的内腔表面进行了提取，然后对所提取的表面进行闭合和填充处理以形成一个完成的实体，最后根据所研究问题的需要，把不同气门升程下的气门模型从上述实体中切除，同时添加了底面直径为 40mm、高为 50mm 的模拟气道，完成了计算所需流动区域的建模工作（图 3.3）。

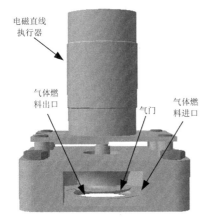

图 3.2　电控喷射装置的三维几何数值模型　　图 3.3　气体燃料电控喷射装置计算模型

与每循环气体燃料喷射量 G 相关的主要参数包括，由气门最大升程 L 和阀盘直径 D 决定的流通截面积等设计参数和气门开启时间 Δt、压差 Δp 等控制参数，有 $G = f(L, D, \Delta t, \Delta p)$。

对于稳态问题，由于需要研究气体燃料电控喷射装置的流量特性与气体燃料喷射压力、喷射气门外径和喷射气门升程的关系，本书建立了气门外径分别为 26mm、28mm、30mm 和气门升程分别为 2mm、3mm、4mm 的九种三维实体计算模型，并在此基础上分别加上 0.01MPa、0.02MPa、0.03MPa 三种进出口压差，综上构成了 27 种组合模型，进行了数值模拟计算。其中每个气门外径值下计算了 9 种稳态模型，当气门外径为 28mm 时，每种气门升程下分别计算上述提到的 3

种进出口压差下电控喷射装置的稳态流量特性。对于非稳态问题，由于需要主要研究气体燃料电控喷射装置的每循环喷射量随气门总开启时间的变化关系，为此建立了气门外径为28mm，气门最小升程为0.1mm、最大升程为4mm的三维计算模型，并施加气门总开启时间为10ms、18ms和26ms三种气门运动规律。

3.3　数值计算的边界条件和初始条件

边界条件是指流体流动的控制方程组在计算域边界上，流体物理量应该满足的条件。对于边界条件既要保证其在物理量上是正确的，又要保证其在数量上刚好能够用来确定待求微积分方程组中的常数。正是边界条件对于求解方程组的重要性，所以它对于整个模拟计算的效率和计算精度都有很大的影响，因此需要确定准确的流动问题的边界条件以获得高效率、高精度的数值模拟计算。初始条件就是求解控制方程组所给定的初始值，它对于计算的精度没有多大的影响，但是对于计算效率影响较大。合并后的初始条件和边界条件便组成了整个CFD计算的定解条件，才能求出唯一的流场解。为此下面将详述本章稳态与非稳态计算所需要的边界条件。

（1）根据进出口压差已经知道的条件，对流动的入口采用压力进口边界条件。对于稳态工况，气体燃料入口根据计算需要分别设定为0.01MPa、0.02 MPa、0.03 MPa，对于非稳态工况，根据计算要求设为0.02 MPa。两种工况下的操作压力（相对压力）全部设定为0.1MPa，固定温度全为298K。

此外，采用压力进口边界条件的同时需要对进出口的湍流参数进行设定，以完成湍流计算。一般有四种方法确定湍流参数，即给定湍流强度和湍流长度标尺、给定湍流强度和湍流黏度比、给定湍动能k和湍流耗散率ε的值、给定湍流强度和水力直径。由于第四种方法易于实现，所以本书采用了该方法对湍流强度I和水力直径D_H进行了设定。对于稳态和非稳态两种工况，这两个数值的设定可取为一样。其中按照经验一般湍流强度I可以取为5%～10%，水力直径D_H是指进出口截面的等效直径，所以对于本章所研究的模型，燃料出口的水力直径就是圆形截面的直径，即D_H=40mm，对于燃料入口可以参考式（3.5）进行计算，即

$$D_H = \frac{4A}{l} \tag{3.5}$$

式中，　A——燃气进口截面面积；

　　　　l——燃气进口截面周长。

（2）模拟气道的出口选择压力出口边界条件，对于稳态和非稳态两种工况，将该值全部设定为0MPa（绝对压力实际上为0.1MPa）不变，这样便可以结合上述的压力入口边界条件，以完成稳态工况进出口压差分别为0.01MPa、0.02 MPa、

0.03 MPa 以及非稳态工况进出口压差为 0.02 MPa 的计算要求。

（3）对于壁面边界条件，稳态和非稳态工况都选择绝热并且无滑移的固壁边界条件。

（4）对于流动介质的选择问题，稳态和非稳态工况都选择理想的可压缩的气体。

3.4　数值计算的网格划分

由图 3.1 给出的 CFD 计算工作过程可以看出，对于给定了控制方程、边界条件和初始条件的计算域来说，不可能对整个计算域进行控制微积分方程的求解，必须将控制方程和边界条件在整个计算空间域上进行离散，然后在微小的离散域上对控制方程进行求解，最后通过节点之间传递数据以完成整个空间计算。而想要在空间域上离散控制方程和边界条件，必须使用网格技术。因此网格划分对于整个数值计算至关重要，它将直接影响计算的成功与否、计算的收敛速度和计算的精度。

由于 FLUENT 软件自身没有网格划分处理器，所以选择了专用前处理器GAMBIT 来生成计算所需网格。GAMBIT 中网格分为结构化网格和非结构化网格两大类。结构化网格是指网格中的节点排列有序而且相邻节点的关系明确，所以结构化网格在二维空间中表现为四边形形式，在三维空间中表现为六面体形式。虽然结构化网格计算效率和计算精度较高，但是由于其结构规则，对于具有复杂外形的结构体其适应性差。与结构化网格相对应，非结构化网格中的节点位置根本无法用一固定法则进行有序的命名，整个网格的形状不拘于一格。对于二维空间网格可以分为三角形、四边形以及这两类形状的混合形式，对于三维空间网格可以是四面体、三棱柱、金字塔、六面体或上述体的混合形式。正是基于非结构化网格这一特点，所以其对于具有复杂外形的流体区域具有很强的适用性。

3.4.1　稳态工况的网格划分

对于稳态工况首先通过 CATIA 建立了气门外径分别为 26mm、28mm、30mm和气门升程分别为 2mm、3mm、4mm 所构成的九种三维实体计算模型，并将其全部另存为 GAMBIT 所能识别的 STP 格式。为了同时保证计算精度和计算效率，在将模型导入 GAMBIT 后，采用了分块网格划分技术，把整个计算模型划分为四个计算区域，即气流入口区域、喷射装置主体区域、气门阀座区域和模拟气道区域。

对于气流入口区域，由于其结构规则，所以选用了大小为 1mm 的结构化网格；对于喷射装置主体区域，由于流体区域结构不规则，所以采用了大小为 1mm非结构化网格，并将网格畸变率控制在 0.8 以下；对于气门阀座区域，由于流场变化剧烈，而且计算区域较规则，所以选用了大小为 0.8mm 的结构化网格；对于模拟气道区域，由于模拟气道对计算影响不大，所以采用了 1.5mm 的结构化网格。图 3.4 给出了气门外径为 28mm 气门升程为 3mm 时所划分的计算网格。模拟气道中心区域网格较密，主要是因为受到气门阀座区域网格的影响。

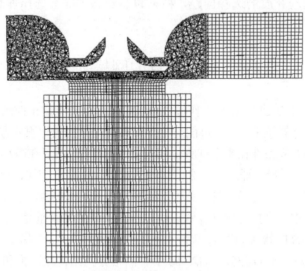

图 3.4　稳态工况计算网格

3.4.2　非稳态工况的网格划分

对于非稳态工况模拟计算，计算网格在保证计算精度和计算效率的同时，最关键的是还需建立合理的分块拓扑和网格拓扑结构，以保证网格运动。如果网格的拓扑结构不合理或者网格质量较差，那么在动网格的更新过程中很可能会出现负体积网格，整个计算过程会被强制停止，因此非稳态工况的网格划分是整个计算过程的技术难点和重点。整个网格划分过程需要注意以下几点：

（1）对于非稳态工况，在利用 CATIA 建立初始模型时必须预留 0.1mm 的气门间隙（图 3.5）。该气门间隙并非指实际工作时，为了保证气门及其传动件在热态下不会因为膨胀而破坏气门与气门座的密封而专门设置的间隙，其主要是为了保证非稳态计算网格能够正常运动而设置的参数。对于实际仿真运算不可能出现网格体积为零或者体积为负的情况，因此实际建立的初始模型需要预留一个很小的间隙以满足计算的需求。

（2）参考稳态工况的网格分区技术，对于非稳态工况除了将整个计算模型分为气流入口区域、喷射装置主体区域、气门阀座区域和模拟气道区域之外，为了实现气门的开启和关闭，还需要通过气门顶面（Valve Top）的拉伸操作以切割出一块专门用于气门运动的区域（图 3.5）。

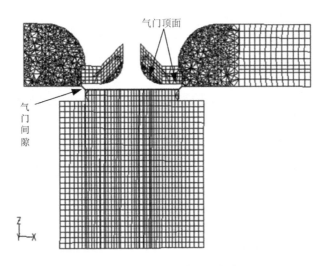

图 3.5　非稳态工况气门关闭时计算网格

（3）对静态网格和动态网格的公用交界面必须应用面分离技术（Disconnect），将交界面处动静网格公用节点分离，以保证静止的网格对运动网格不产生影响而出现负体积错误。但由于面分离技术将公用节点分离，所以在公共面处根本不存在数据交换，整个公用面此时实际上可以看作壁面边界条件了。因此，有必要采用滑移网格技术（Grid Interface）以解决由于公用交界面的分离而引起的交界面处的两个区域不存在数据传递的问题（图 3.6）。该技术在 FLUENT 中可以通过事件来定义。

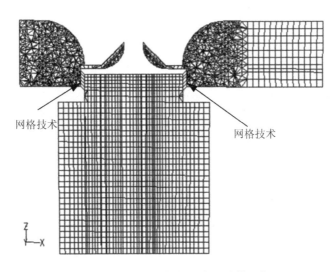

图 3.6　非稳态工况气门开启时计算网格

（4）运动区域的网格更新策略。由于对本模型分块设置的合理，气门运动区域的网格可以采用结构化的网格。由于运动区域只存在结构化的网格，所以只需要采用动态分层法（Dynamic Layering）来实现网格的更新，从而省去了非结构化运动网格所需要的局部重画法（Local Remeshing）以及弹簧光顺法（Spring-Based Smothing），提高网格更新的效率的同时而不易出现负体积网格。

（5）气门的运动规律较简单，因此不需要应用 FLUENT 中的用户自定义文件 UDF 来编写气门的运动规律，仅需要较简单的 Profile 文件以实现对气门运动规律的控制。Profile 文件中的气门运动规律以时间为横坐标，以气门速度为纵坐标。由于气门间隙对于网格的运动不可或缺，但是该间隙的存在的确影响着气门关闭时气门与气门座圈的密封。为此，根据计算的需要可以在特定的时刻在 FLUENT 中定义删除滑移界面事件（Delete Sliding Interface Event），以实现在气门关闭时该间隙处不存在数据交流，保证关闭时刻的密封性。

参考上述技术要求，对气流入口区域采用大小为 1mm 的结构化网格，对气体燃料喷射装置的主体区域由于结构不规则，采用大小为 1mm 非结构化网格，并将网格畸变率控制在 0.8 以下；对气门运动区域采用大小为 0.5mm 的结构化网格；对气门阀座附近区域为了便于网格的更新，采用 1mm 的结构化网格；由于模拟气道对计算影响不大，采用 1.5mm 的结构化网格。最后得到了如图 3.5 所示的气门关闭时的计算网格以及图 3.6 所示的气门全开时的计算网格。

3.5　数值计算求解器参数的设定

完成了计算控制方程、网格划分以及边界条件的设定后，理论上便可以让 FLUENT 进行计算，但是为了保证计算的可行性以及获得更好的计算效率和计算精度，合理的求解器参数设置是必不可少的。对于稳态工况，采用基于压力的分离隐式求解器，压力和速度耦合应用 SIMPLE 算法，欠松弛因子采用默认值即可，由于计算模型比较小，压力、能量、动量、密度、湍动能和湍动能耗散率都采用二阶迎风格式以获得更高的计算精度，残差收敛准则设置为 $1×10^{-5}$。对于非稳态工况，采用基于压力的分离隐式求解器，压力和速度耦合选择 PISO 算法。对于非稳态工况，由于计算过程容易发散，欠松弛因子在允许的情况下适当调小，而且压力离散格式宜采用 PRESTO，动量、能量、密度、湍动能和湍动能耗散率采用一阶迎风格式比较易于实现计算的收敛。

3.6　计算结果分析

3.6.1　稳态工况计算结果分析

对于稳态工况，本章分别对 0.01MPa、0.02MPa、0.03MPa 三种进出口压差、26mm、28mm、30mm 三种气门外径和 2mm、3mm、4mm 三种气门升程所构成的27种组合模型进行了稳态模拟计算。其中每种气门外径下计算了9中稳态模型，当气门外径为 28mm 时，每种气门升程下分别计算了 0.01MPa、0.02MPa、0.03MPa 三种进出口压差下电控喷射装置的稳态流动特性。并在此基础上着重分析了气体燃料压力、喷射气门外径和喷射气门升程对燃料电控喷射装置流量特性的影响。

图 3.7 给出了进出口压差恒定为 0.02MPa 时，气体燃料电控喷射装置的流量特性与气门外径和气门升程的变化关系。由图可以看出，当气体燃料电控喷射装置的进出口压力差不变时，喷射装置内气流的质量流量与气门升程和气门外径都呈正比关系。而且当气门升程固定时，喷射装置的质量流量随气门外径的变化幅度要小于气门外径不变时喷射装置的质量流量随气门升程的变化幅度。

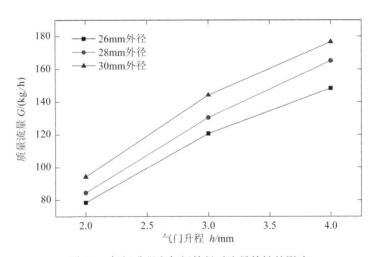

图 3.7　气门升程和气门外径对流量特性的影响

图 3.8 给出了气门升程为 2mm 不变时，气体燃料电控喷射装置的流量特性与进出口压差和气门外径的变化关系。由该图可以发现，当气体燃料电控喷射装置的气门升程不变时，喷射装置内气流的质量流量随着气门外径和进出口压差的增大而增大。而且当进出口恒定时，喷射装置的质量流量随气门外径的变化幅度较小；当气门外径不变时，喷射装置的质量流量随进出口压差的变化幅度较大。

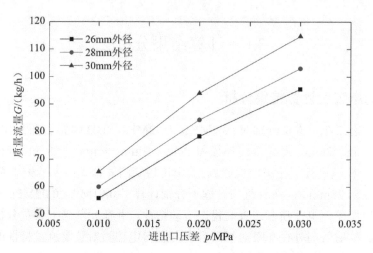

图 3.8 进出口压差和气门外径对流量特性的影响

图 3.9 给出了当气门外径保持为 28mm 不变时，以气门升程为纵坐标，进出口压差为横坐标，所绘制的质量流量等值线图。由图 3.9 可以看出，当进出口压差和气门升程为最大值时喷射装置内气流的质量流量也取得了最大值，并且质量流量等值曲线的值随着进出口压差和气门升程的降低而逐渐递减。与此同时，可以发现质量流量等值曲线沿纵向的变化幅度要高于其沿横向的变化幅度。

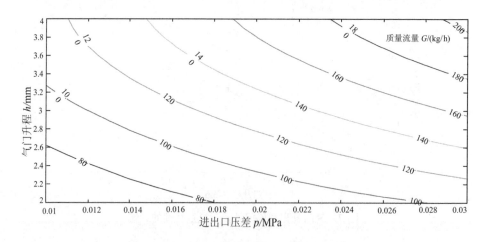

图 3.9 电控喷射装置的质量流量等值线

综上可以发现，气体燃料电控喷射装置的质量流量随着进出口压差、气门升程和气门外径的增大而升高，而且该值受气门升程的影响最为明显。

图 3.10 和图 3.11 分别给出了气门最大升程为 4mm、气门直径为 28mm、进出口压差 0.02MPa 时，喷射装置内部的稳态速度场、压力场的分布情况。由图可

以看出，速度场分布正常，并未出现明显的进气涡流等。压力场中有较小的局部低压区域，在气门开启处有着较大的压力降，说明喷射装置的设计以及气门最大升程、气门直径和压差之间的匹配仍有进一步优化的余地。

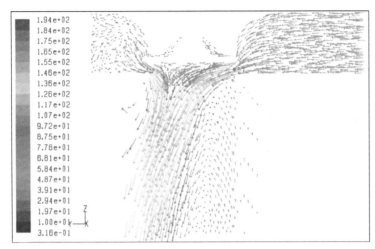

图 3.10　喷射装置内部的速度矢量图

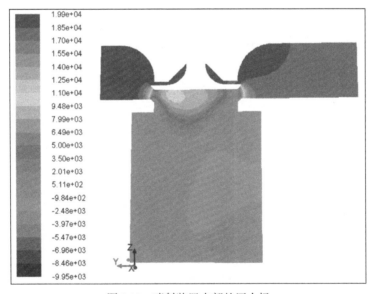

图 3.11　喷射装置内部的压力场

3.6.2　非稳态工况计算结果分析

在发动机实际运行时，每个工作循环下，电控喷射装置喷射的气体燃料量可以通过调节喷射装置进出口压差以及气门开启总时间的大小来实现。为确保含有气体燃料的混合气不进入排气系统中，应将喷射始点选择为进气过程开始后至排气过程结束前的某一位置；喷射终点则根据发动机实际运行工况所需的气体燃料量来确定，并选择在进气过程结束前的某一位置。其中，最常见的情况为可保持喷射装置的进出口压差不变，通过调节气门开启时间的长短来调节每个工作循环所喷射的气体燃料量。对此进行了喷射装置流量特性的非稳态流动数值模拟。

　　所研制的电控喷射装置拟匹配的气体燃料发动机的最高转速为 1500 r/min，气体燃料电控喷射装置的工作循环周期定为 80ms，气门的开启/关闭过渡过程时间为 5ms，气门外径为 28mm，气门最大升程为 4mm，进出气口压差定为 0.02 MPa。在此基础上分别计算了气门总开启时间（包含开启/关闭过渡过程时间）分别为 10ms、18ms 和 26ms 时，气体燃料电控喷射装置的流量特性随时间的变化关系。

　　图 3.12 和图 3.13 分别给出了气门总开启时间为 10ms 和 18ms 时，气体燃料电控喷射装置的质量流量以及气门升程在两个工作循环周期内随时间的变化关系。由这两幅图可以发现，气体燃料电控喷射装置质量流量曲线的变化趋势与气门升程曲线的变化趋势的吻合性很高，这说明所研制的喷射装置具有流动响应迅速，流动滞后性小的优势，这主要得益于电控喷射装置的运动气门在极短时间内（5ms）便可以实现全部开启或者完全关闭。与此同时，利用电控喷装置流动响应迅速的优势，可以精确地控制喷射装置所喷射的气体量，最终实现对发动机空燃比的精确控制。

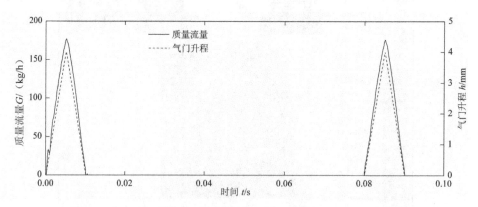

图 3.12　总开启时间为 10ms 时质量流量和升程随时间变化关系

　　分析计算结果可知，在保持压差不变的条件下，每循环气体燃料喷射量 G 满足关系式：$G = K(\Delta t - \Delta t_1)$。式中，$\Delta t$ 和 Δt_1 分别为总气门开启时间（从开始开启至完全关闭）和开启过渡时间，K 为比例系数。这就建立了气体燃料喷射量 G 和总气门开启时间 Δt 的映射关系，可直接用于每循环气体燃料喷射量 G 的调节控制。

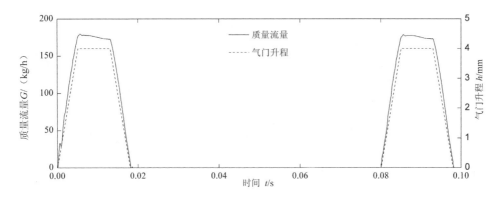

图 3.13　总开启时间为 18ms 时质量流量和升程随时间变化关系

在气门最大升程为 4mm、阀盘直径为 28mm、进出口压差为 0.02MPa、开启/关闭过渡过程时间为 5ms 时，通过对气门总开启时间（包含开启/关闭过渡过程时间）为 10ms、18ms 和 26ms 的仿真计算，得到了气体燃料喷射量 G 和总气门开启时间 Δt 的映射关系，即 $G = 0.051(\Delta t - 5)$。利用该关系式，通过控制气门总开启时间 Δt 进而可以很方便地实现对每个循环的燃料喷射量进行控制。

图 3.14 给出了气门最大升程为 4mm、气门外径为 28mm、进排气口压差定为 0.02 MPa、气门总开启时间为 18ms 时，喷射装置内部的压力场随时间的变化关系。由图可以看出，从气门的开启至关闭这一过程中，不同时刻燃料喷射装置主体区域内部的压力较大但整体变化幅度不大，这主要是由于喷射装置进气系统容积较大，自身可以起到稳压的作用，其对于保证气流的流通性十分有利。此外，虽然气门附近的压力较大，接近喷射装置主体区域内的压力，但压力降却很大，局部压力损失很多。这主要是气门对高速气流的节流作用而引起的。不同时刻，模拟气道内的压力变化幅度较小。

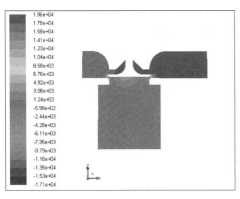

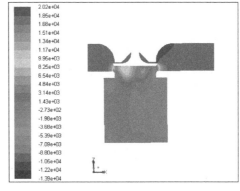

　　　（a）2ms　　　　　　　　　　　　　　　　（b）5ms

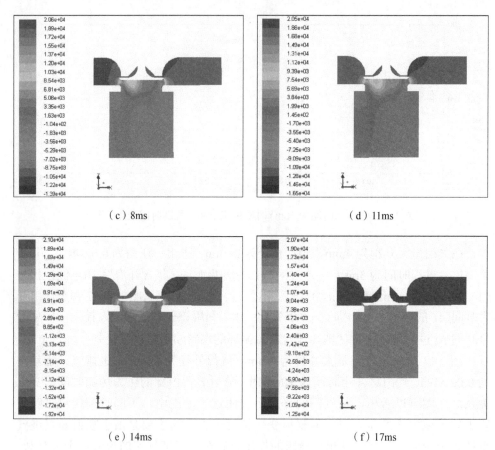

（c）8ms

（d）11ms

（e）14ms

（f）17ms

图 3.14 电控喷射装置气门截面压力场分布图

图 3.15 给出了气门最大升程为 4mm、气门外径为 28mm、进排气口压差定为 0.02MPa、气门总开启时间为 18ms 时，喷射装置内部的速度矢量分布随时间的变化关系。研究可以发现，气门附近的气流速度随着气门的开启而逐渐增大，而且当气门在 5ms 开启到最大升程后，气门附近的区域的最大气流速度也一直随着气门最大升程保持时间的增加而变大，当气门从 13ms 开始关闭后，整个关闭过程喷射装置内部的气流速度逐渐降低。整个开启和关闭过程中，喷射装置内部未出现进气涡流。

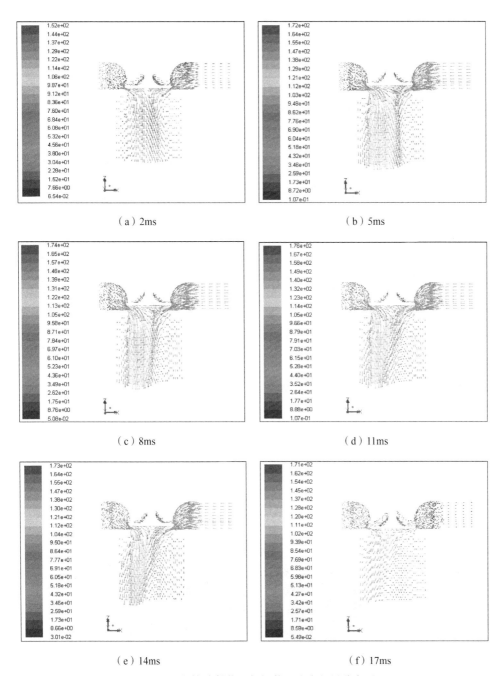

（a）2ms

（b）5ms

（c）8ms

（d）11ms

（e）14ms

（f）17ms

图 3.15　电控喷射装置气门截面速度矢量分布图

3.7　试　验　验　证

为了进一步探讨气体燃料电控喷射装置的流量特性，验证数值模拟模型的精确性，创建了如图 3.16 所示的喷射装置流量特性测试原理图，并在此基础上，搭建了如图 3.17 所示的气体燃料电控喷射装置的流量特性测试平台。该测试平台主要由气体循环装置和测控装置组成。气体循环装置主要包括气泵、稳压罐、测试元件、气体燃料电控喷射装置和管路等，变频器控制气泵运行，使空气在管路中流动，通过稳压罐以保证气体通过流量计时更加平稳，提高测量的精确性。通过变频器控制泵的转速，可以改变阀的进出口压差。测控装置主要由流量计、显示仪表、电控喷射装置控制器和变频器组成。流量测试采用 ToCeiL20N 涡街流量计，其测量结果可直接通过显示仪表读出，测量精度为 1%；电控喷射装置在控制器的作用下实现特定的气门开启/关闭规律，以满足测试条件。

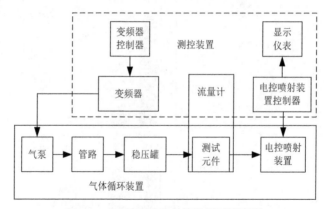

图 3.16　喷射装置流量特性测试原理图

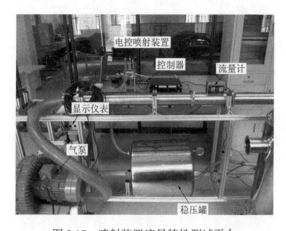

图 3.17　喷射装置流量特性测试平台

　　图 3.18 给出了气门外径为 28mm 时，稳态工况电控喷射装置随进出口压差和气门升程变化的试验值与仿真值。图 3.19 给出了气门外径为 28mm、进出口压差为 0.02MPa 时，电控喷射装置不同气门总开启时间下每个循环的平均质量流量的试验值与仿真值。由于受设备测试范围所限，当流量增大到一定数值时，仪器表显示的数值不再随进出口压差的变化而改变，但在小流量范围内的测试结果与数值计算的模拟结果吻合得很好。这说明了所建立的数值计算模型满足所研究问题的需要，同时也弥补了大流量情况下测试设备无法满足测量要求的不足之处。

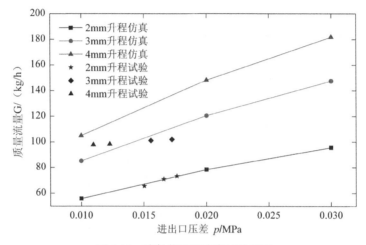

图 3.18　喷射装置的稳态试验验证

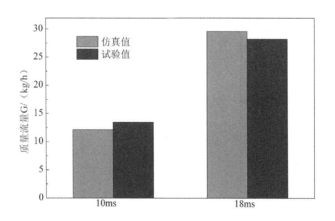

图 3.19　喷射装置的非稳态试验验证

3.8　本　章　小　结

本章主要对自行研制的大功率气体燃料发动机的电控喷射装置进行了流量特性的研究。为此，首先建立了气体燃料电控喷射装置流动数值计算所需的计算区域，并在此基础上进行了稳态工况和非稳态工况的网格划分，然后计算了稳态和非稳态下电控喷射装置的流量特性，并进行了试验验证。研究结果表明：

（1）所建立的经过试验验证的流动数值计算模型，可以准确地计算一种大功率发动机气体燃料电控喷射装置在稳态和非稳态工况下的流量特性，弥补了大流量情况下测试装备无法满足测量要求的不足之处。

（2）通过 CFD 数值计算方法，明确了电控喷射装置流量特性随着气门升程、气门外径、压差和气门开启时间等主要设计及控制参数变化的规律。气体燃料电控喷射装置的质量流量随着进出口压差、气门升程和气门外径的增大而升高，而且该值受气门升程的影响最为明显。为气体燃料电控喷射装置的设计打下了良好的基础。

（3）通过 CFD 数值计算方法，建立了气体燃料喷射量 G 和总气门开启时间 Δt 的映射关系，即 $G = 0.051(\Delta t - 5)$。利用该关系式，通过控制气门总开启时间 Δt 进而可以很方便地实现对每个循环的燃料喷射量进行控制。可直接用于气体燃料喷射量 G 的调节控制，这也是气体燃料电控喷射装置实现工程应用的前提条件。

第4章　应用气体燃料电控喷射装置的方案研究

为了验证电控喷射装置对发动机性能的影响，应将电控喷射装置安装到气体燃料发动机中进行试验研究，为此需要对原气体发动机进行一系列的改进设计。本章在分析原发动机燃料供给系统的基础上，比较了单点/双点喷射布置方案，并提出了多点顺序喷射的布置方案；然后设计了发动机整机控制器，提出了以转速为目标对发动机控制的方案，针对有限的控制器端口，提出了模拟信号输入端口和 PWM 控制信号输出端口的多路复用技术方案；最后，提出了进一步研究中对发动机控制器综合设计应实现的功能，并给出了具体的技术方案。本章的工作为电控喷射装置的试验研究提供了前提条件，并为进一步的研究奠定了基础。

4.1　气体燃料电控喷射装置的布置

在应用和发展气体燃料发动机的过程中，气体燃料的供给方式十分关键。针对某企业一 12 缸大功率气体燃料发动机所自行研制的气体燃料电控喷射装置，前面已经进行了相关性能测试工作，并取得了理想的测试结果。在此基础上，又通过仿真和试验的方法对电控喷射装置自身的流量特性进行了深入分析研究，为电控喷射装置的工程应用打下了良好基础。在前述工作的基础上，为进一步开展气体燃料电控喷射装置的装机试验验证工作，需考虑新研制的电控喷射装置在实体发动机上的布置问题。

目前气体燃料发动机的燃料供给系统可以分为机械控制式混合器供气系统、电子控制式混合器供气系统和电控喷射供气系统。机械控制式混合器供给系统是在内燃机的进气系统基础上增加了混合器系统以改善气体燃料和空气的混合均匀程度。由于机械式混合器大多数都采用文丘里管式结构，所以难以精确地控制气体燃料的进气量。电子控制式混合器供给系统虽然增加了电控系统并进行了闭环控制，但由于仍采用文丘里管结构，仍然存在控制精度不高、控制滞后等问题。

电控喷射供气系统根据喷射装置的安装位置不同，可以分为单点电控喷射系统和多点电控喷射系统。其中，多点电控喷射系统根据喷射阀同时工作数量的不同又可以分为同时喷射、分组喷射和顺序喷射，此外，根据喷射阀开启和关闭的规律不同又可以分为连续喷射和间歇喷射。

原气体燃料发动机的燃料供给系统主要包括滤清器、主开关阀、稳压罐、次级开关阀、调压阀等（图 4.1）。其中，从气源流出的高压且压力不稳定的气体燃料经过滤清器过滤掉杂质后，再通过主开关阀流入稳压灌内。在稳压罐的作用下，气体燃料的压力趋于稳定以便于喷射装置精确地控制喷射量。调压阀可以根据实际所需的气体燃料和进气空气的压力差值对高压气体燃料进行压力调节。基于上述发动机的燃料供给系统，本章对所研制的电控喷射装置采用了不同形式的布置方案，并分析比较了各种方案的优缺点，为喷射装置的进一步装机试验打下了良好的基础。

4.1.1　单点/双点喷射布置方案

与机械式混合器供气系统相比，单点喷射燃料供给系统在一定程度上提高了气体燃料进气量的精度，而且由于其结构较简单，便于在已有的发动机上进行改造设计，所以目前在重型车用发动机上以及油田用大功率发动机上得到了比较广泛的应用。如图 4.1 所示，可以将所研制的电控喷射装置安装在天然气进气总管末端的 A 位置处，构成单点电控喷射燃料供给系统。由图 4.1 可以发现，若采用此类型喷射装置的布置方案，只需对天然气进气总管稍作改进，便可完成发动机单点电控喷射方案的布置，并大幅减少原机燃料供给系统的改造工作。但此种布置方案下的电控喷射装置实际上仅起电磁开关阀的作用，无法发挥其精确控制喷射量的要求，不能实现对空燃比的精确控制。此外，由于电控喷射装置安装在天然气进气总管上，所以会造成发动机天然气气轨内一直都存在可燃气体燃料的问题，并出现扫气期间内混合气扫气的现象，造成气体燃料流失和碳氢排放增加的问题，并可能会引起发动机的回火问题。综上分析，此种类型的电控喷射装置布置方案不可取。

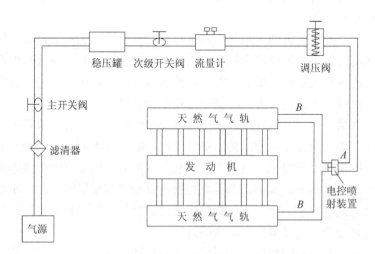

图 4.1　单点/双点喷射布置方案示意图

将电控喷射装置移到图 4.1 所示的 B 位置处后，则构成了双点喷射燃料供给系统。与单点喷射系统相比，双点喷射系统虽然在一定程度上提高了燃料喷射量的控制精度，但该方案仍然未有效地解决上述单点喷射所造成的问题。为此，需对布置方案做进一步的改进工作。

4.1.2　多点喷射布置方案

与单点电控喷射系统相比，多点喷射燃料供给系统由于将喷射装置安装在进气歧管或进气道上，可以根据发动机工况实时、准确、独立地控制喷射阀的运动规律，进而实现对气体燃料喷射量的精确控制，并可以有效地解决扫气期间由于混合气扫气所引起的相关问题，是气体燃料发动机主要发展方向之一。为此，对所研制的电控喷射装置采用了多点喷射布置方案。如图 4.2 所示，可以将 12 个电控喷射装置分别安装在原机的 12 个进气歧管上，并充分利用所研制的电控喷射装置在控制自由度方面提供的广阔空间实现发动机的多点顺序间歇喷射方式，提高了空燃比的控制精度，为进一步改善发动机的相关性能提供了可能。

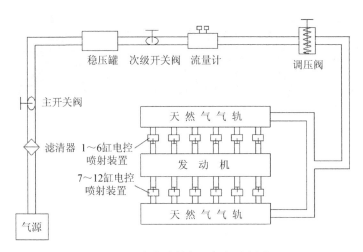

图 4.2　多点喷射布置方案示意图

此外，与进气歧管多点喷射供给系统相比，进气道多点喷射供给系统由于进一步缩短了气体燃料的进气行程，因此可以进一步改善气体燃料进气延迟的问题，改善气体燃料和进气空气的混合效果。但由于原机气缸盖设计时并未考虑到喷射装置的安装需求，所以若对发动机的 12 个气缸盖进行重新改造加工以满足所研制的电控喷射装置的安装要求，会大幅增加试验成本。所以电控喷射装置的首轮装机试验可以暂时不考虑进气道多点电控喷射方案，而采用进气歧管多点喷射供给方案，以减少风险成本。

基于上述分析确定的电控喷射装置多点喷射布置方案，对原发动机进行了相应的改进设计，改进后的电控喷射装置布置方案如图 4.3 所示。其中，天然气通过气体燃料进气总管流入天然气气轨内，然后通过每个气轨上的六根进气软管流到电控喷射装置内，最终实现了电控喷射装置的多点喷射布置方案。

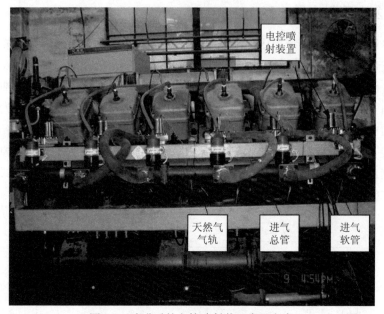

图 4.3　改进后的电控喷射装置布置方案

4.2　整机控制器设计

本书选用的大功率气体燃料发动机原机使用可编程控制器（PLC）作为发动机控制器，用以实现发动机的启动电机控制、润滑和冷却系统控制以及发动机运行状态监控和报警等功能。点火系统采用专门的点火控制器，根据凸轮轴的转角确定各缸点火时刻，原机采用机械控制式混合器供气系统，并未对燃气供应系统进行电子控制。采用多点电子控制喷射的方案后，需要根据发动机的运行状态和需求确定电控喷射装置的运行参数，从而实现对发动机输出的控制。

4.2.1　以转速为目标的发动机控制

电控喷射装置的喷射时刻和喷射脉宽应由发动机的运行参数决定，由于原气体燃料发动机并未对燃气供应系统进行电子控制，在整机控制器的设计中应考虑加入电控喷射装置运行参数的决策。在实际应用中，可以通过两种途径决定电控喷射装置的运行参数：①由发动机控制器决定，并将数据发送给电控喷射装置控制器，电控喷射装置控制器将实际的运行状态实时反馈给发动机控制器；②由电控喷射装置控制器采集发动机运行状态，决定其喷射时刻和脉宽。

由于原发动机控制器的功能已经确定，在其基础上进行功能再开发具有较大的难度，在电控喷射装置的控制器设计中加入运行参数的决策模块具有更大的可行性，因此本书选择由电控喷射装置控制器对其运行参数进行决策。

受 DSP 控制器硬件端口资源的限制，电控喷射装置控制器并未对发动机的排气温度、缸内温度等参数进行采集。本书选用的大功率气体发动机用于发电，工作时以定转速工况运行，因此，电控喷射装置控制器仅采集了发动机转速信号和凸轮轴位置判缸信号，以发动机转速为目标，控制其喷射脉宽。当发动机需要从怠速转速提高到额定转速运行时，则增大喷射脉宽；在额定转速下带负载运行时，当负荷增加或减小也相应地增大或减小喷射脉宽，以确保发动机转速不变，喷射脉宽通过对转速的反馈进行 PID 运算得到，如图 4.4 所示。电控喷射装置的喷射时刻和各缸喷射量的修正，通过对原发动机控制器采集的监控数据进行分析，采用人机交互方式对电控喷射装置控制器中的运行参数进行修正。

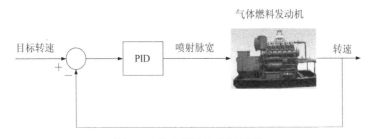

图 4.4　发动机转速控制框图

4.2.2　发动机转速和曲轴位置的检测

发动机的转速信号通过一个磁电式转速传感器采集，它安装在发动机飞轮附近，与飞轮上带有 188 个齿的齿圈共同工作。转速传感器采用磁电效应将转速信号转换为电信号，飞轮转动时，齿顶和齿槽以不同距离经过传感器，传感器感应到磁阻的变化，产生交变的近似正弦输出信号，该正弦信号的频率和振幅均与发动机转速成正比。

磁电式转速传感器的输出信号峰值电压为 10V 以上，而 DSP 的输入信号不应超过 3.3V，且正弦信号应转换为方波信号，DSP 控制器才可进行处理，磁电式转速传感器信号的处理电路如图 4.5 所示。磁电式传感器的输出信号首先经三极管 Q1 转换，其集电极输出信号经施密特触发器进行信号整形，经光电耦合器隔离后输出为方波信号。

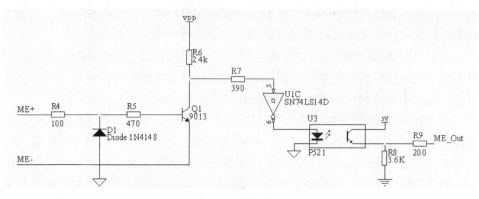

图 4.5　磁电式转速传感器信号的处理电路

　　使用 DSP 控制器计算方波信号的频率主要有两种处理方法：①利用频率/电压转换电路将方波信号转换为模拟信号，然后经过 AD 转换获取转速信息；②利用脉冲计算法获取方波信号的周期，经过软件计算得到转速。频率/电压转换所需时间较长，不能满足电控喷射装置控制器的实时性要求；TMS320F2812 的每个时间管理器具有 3 个独立的捕获单元，能够捕获外部输入引脚的逻辑状态，并利用内部定时器进行时间和速度估计，由于发动机的转动方向不变，所以可采用 DSP 控制器的捕获单元对方波信号进行处理，通过脉冲计数法获得发动机的转速。

　　使用捕获单元测速分两次捕获：第一次在输入引脚上检测到指定的（上升沿、下降沿或两个边沿）跳变时，捕获所选定时器的当前计数值并存入一个对应的有 2 级深度的 FIFO 栈中（如果堆栈为空），屏蔽第一次捕捉中断；第二次捕获的跳变方式设置为和第一次捕捉相同并开中断。则新捕获的计数值送至栈底寄存器且相应的中断标志位置 1，产生一个外围设备中断请求。响应中断，通过中断服务程序读出一对捕获的数值，利用这两个数值可以计算出在被测频率的一周期内标准信号的脉冲个数，进而求出被测信号的频率。发动机的转速与信号频率的关系为

$$n = 60\frac{f}{z} \tag{4.1}$$

式中，n——发动机转速；

　　　　f——信号频率；

　　　　z——齿圈齿数。

　　电控喷射装置的喷射时刻以曲轴的位置作为时间基准，因此控制器还应对曲轴位置进行检测。

　　控制器中已经检测了发动机的转速，只要在发动机曲轴转过两周（一个工作循环）内给定一个基准曲轴位置，通过检测磁电式转速传感器的输出脉冲个数，即可得到当前的曲轴位置。基准曲轴位置通常选取在第一缸活塞处于进气冲程上

止点位置，定义该时刻的位置为曲轴转角 0 位置。

本研究中，在位于凸轮轴端部的正时盘上安装一个磁钉，在磁钉的相对位置安装一个霍尔传感器用以检测磁钉的位置，当霍尔传感器和磁钉相对准时，第一缸活塞正处于进气冲程上止点位置，即曲轴转角 0 位置。此时，霍尔传感器产生一个脉冲，DSP 控制器检测到该脉冲时，将程序中的曲轴转角变量回零，然后在每检测到一个磁电式转速传感器脉冲时，改变一次曲轴转角变量，即可得到当前的曲轴位置。飞轮齿圈齿数为 188 个，曲轴每转过 360 度磁电式传感器产生 188 个脉冲，即每检测到一个脉冲曲轴转过 1.91 度，得到的曲轴转角的精度为 1.91 度。

霍尔传感器输出的方波信号幅值为 5V，虽然 DSP 控制器可以直接接收，但为了避免干扰，方波信号仍经过施密特触发器整形，并经光电耦合器隔离后输出至 DSP 控制器的捕获单元，为了保证 DSP 接收的方波信号与传感器信号相位相同，信号需经过两级施密特触发器整形，如图 4.6 所示。

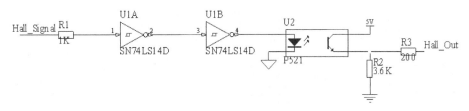

图 4.6　霍尔传感器信号处理电路

4.2.3　控制器端口的多路复用技术

多点间歇喷射方式在发动机各缸的进气歧管处均布置了一个电控喷射装置，本研究选用的气体燃料发动机为 12 缸机，因此需要 12 个电控喷射装置，控制器应实现对 12 个电控喷射装置的控制。DSP 控制器采用两片 AD7656 扩展了 12 路模拟量输入端口，两个事件管理器带有 6 组互补的 PWM 信号输出端口，而每个电控喷射装置分别需要两个模拟量输入端口（电流传感器和位移传感器）和一组 PWM 信号输出，直接使用上述输入和输出端口显然端口数量不足。实际上，12 个缸的电控喷射装置并不是同时工作的，对模拟量输入端口和 PWM 信号输出端口进行分时复用可以解决端口不足的问题。

电控喷射装置只在进气冲程工作，其工作时间不超过 180°CA，因此四个电控喷射装置可以共用一组模拟量输入端口和 PWM 信号输出端口，因此将 12 个缸分为 3 组，每组 4 缸，依次顺序控制。

发动机各缸的发火顺序为 1—8—5—10—3—7—6—11—2—9—4—12，发火间隔为 60°CA，按照间隔 180°CA 将各缸分组如表 4.1 所示。

表 4.1　各缸分组情况

组序号	缸号及发火顺序
1	1—10—6—9
2	8—3—11—4
3	5—7—2—12

　　模拟量输入端口的分时复用通过单 4 选 1 多路复用器 MAX4534 来实现,每一组 4 个缸的电控喷射装置的输出信号通过一个多路复用器选通,如图 4.7 所示。其中 A1 和 A2 为选通信号,通过 A1 和 A2 两个输入变量的不同组合,逻辑电路对应 4 种输出状态,4 路位移传感器的模拟信号输入至多路复用器,经逻辑电路判断后,选通 1 路输出。电流传感器的选通方式与此相同,并且使用相同的选通信号。

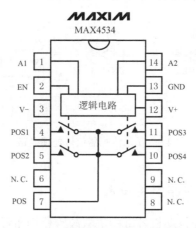

图 4.7　位移传感器信号的多路复用原理

　　当采用±15 V 电压供电时,MAX4534 的输入电压范围为±25 V,可满足位移传感器和电流传感器的输出范围要求,响应时间为 20 ns,可满足系统的高速响应要求。

　　PWM 信号输出的分时复用通过双 2 选 1 多路复用器 MAX4535 实现,DSP 控制器分别产生 3 组 PWM 控制信号和一组 PWM 保持信号,PWM 控制信号用以控制工作的电控喷射装置开启和关闭过程,而 PWM 保持信号提供给不工作的电控喷射装置,以确保气门的可靠密封关闭。因此,每一个电控喷射装置可能有两种 PWM 信号输入,而双 2 选 1 多路复用器就是实现对这两组信号的选通功能,其多路复用原理如图 4.8 所示。

　　在应用中,每个电控喷射装置对应一个双 2 选 1 多路复用器和一个功率驱动模块,PWM1A 和 PWM1B 为一组 PWM 控制信号,PWM2A 和 PWM2B 为一组

PWM 保持信号，Y 为对应该电控喷射装置的选通信号，Y 值为 0 时选通该电控喷射装置为工作状态，多路复用器输出为 PWM1A 和 PWM1B；Y 值为 1 时选通该电控喷射装置为关闭保持状态，多路复用器输出为 PWM2A 和 PWM2B，PWM 控制信号输出至功率驱动模块。

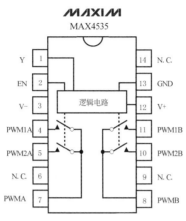

图 4.8　PWM 信号的多路复用原理

　　如图 4.9 所示为一组 4 个缸的电控喷射装置 PWM 控制信号多路复用电路图，选通信号 A1 和 A2 通过一个译码器产生 4 个输出值 Y0～Y3，对应选通为工作状态的电控喷射装置的选通信号 Y 值为 0，而其余选通为关闭保持状态的 Y 值为 1。因此，每一组 4 个缸的电控喷射装置的传感器输入信号和输出控制信号均由 A1 和 A2 的状态决定，12 个缸分为三组，即需要 6 个选通信号。

　　上述的控制器设计仅为了实现功能，对电控喷射装置进行验证性的试验，并未考虑实现发动机的最优性能，在进一步的研究中，应考虑对发动机的控制器进行综合设计，对电控喷射装置、点火系统等同时进行控制，并实现发动机运行状态监控、故障诊断和发动机保护等功能。

　　气体燃料发动机的控制主要是对发动机燃气喷射参数、点火参数和进气参数进行控制，而且在不同工作模式下的控制方法也不同。气体燃料发动机的工作模式主要可以分为以下几种：

　　（1）停机模式。停机模式下发动机控制器的主要作用是系统初始化和发动机状态数据的存取，其主要标志是控制器没有对电控喷射装置及其他执行器发出喷射或动作指令。

　　（2）启动模式。启动模式是发动机从停机到怠速的过渡模式，是典型的瞬态过程，也是发动机正常工作的一个必经过程。进入启动模式后，发动机即开始进入正常的管理循环，以冷启动时间为控制目标，对空燃比和点火提前角进行控制。

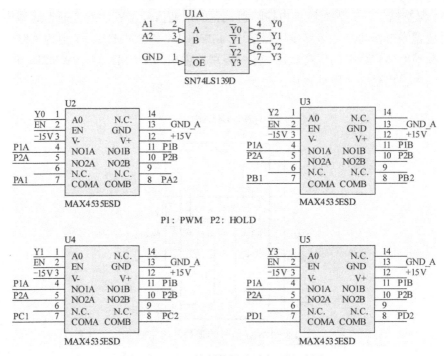

图 4.9　PWM 控制信号多路复用电路图

（3）怠速模式。怠速模式以发动机的转速为控制目标，对其进行闭环控制。

（4）工作模式。工作模式是发动机正常对外做功的模式，在该模式下，以发动机最佳运行性能为目标，对空燃比和点火提前角进行控制。

（5）故障模式。故障模式下针对不同的发动机故障级别，采取停机或保护等处置策略。

发动机控制器根据发动机的转速、节气门位置、氧传感器输出的排气中氧浓度信号、燃气流量和空气流量信号，确定空燃比和点火提前角。为了得到最佳的发动机性能，还应根据各种因素（如水温、油温、排气温度和进气压力等）对其进行各种补偿，从而得到最佳的控制参数。

发动机的空燃比采用闭环方式进行控制，如图 4.10 所示。发动机控制器根据氧传感器的输出信号得到实际的空燃比，与目标空燃比相比较，得到一个偏差值，通过控制策略决定电控喷射装置的喷射脉宽来控制混合气的浓度，从而精确地控制空燃比。由于发动机存在废气传输延时等因素，在节气门位置发生较大变化时，控制系统无法及时跟踪进气量的变化，从而造成混合气过浓或过稀，导致发动机熄火等，为了及时跟踪空气量的变化，加入前馈环节控制天然气喷射补偿量，当节气门突变时，提前增加或减少补偿天然气量。

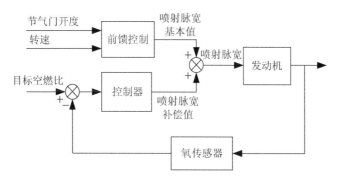

图 4.10　发动机空燃比的闭环控制

改进的发动机控制器方案如图 4.11 所示。控制器采集处理传感器得到的各种发动机工况信号，并通过运算，确定发动机在不同负荷、转速、温度等工况下的空燃比，向电控喷射装置按照喷射时刻输出控制脉宽信号，控制喷射的整个工作过程。同时，查询点火提前角 MAP 图，确定各缸点火时刻，控制点火系统实现准确点火。为了保证发动机在最佳运行参数下工作，控制器根据氧传感器信号、燃气压力、燃气温度、进气温度、进气压力等信号实时修正燃气的喷射量，发送给电控喷射装置实现燃气多点顺序喷射。发动机运行时，故障诊断模块实时监测各个系统的工作情况，当发生意外情况时，报警系统发出警报并将发动机切换到保护模式运行或停机。

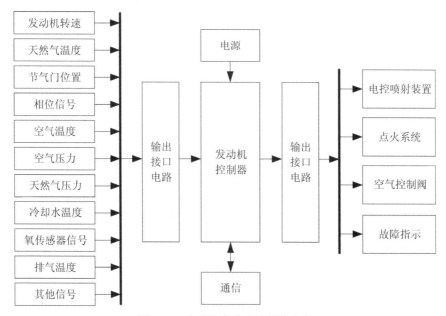

图 4.11　改进的发动机控制器方案

4.3　进一步的改进方案

气体燃料电控喷射装置的应用为大功率发动机的性能提升提供了可能性，与应用单点或多点连续供气方式的发动机相比较，可开展的发动机改进设计包括以下几个方面。

（1）发动机扫气重叠角的加大。

发动机扫气重叠角的加大可以更好地清除缸内的残余废气，降低燃烧室内部以及壁面温度，为下一工作循环的混合气形成和燃烧提供良好的条件。在连续供气方式的发动机中，用于扫气的不是纯空气而是含有燃料的空气，受到燃料流失以及进气管回火可能性的限制，只能取较小的扫气重叠角。可以通过发动机工作过程数值计算以及验证性试验来确定最优的扫气重叠角。

（2）发动机压缩比的提高。

发动机压缩比的提高可以提高其热指示效率，但一般受到爆震燃烧等限制。加大发动机扫气重叠角，更精确地调节发动机混合气浓度等均使得爆震燃烧的可能性下降，适当提高压缩比是提高发动机的经济性的有效技术途径之一。日本 Mazda 公司于 2011 年推出了新一代的"SKYACTIV-G"汽油机，为1.3L 的缸内直喷、非增压汽油机，其异乎寻常之处是汽油机的压缩比提高到14。其基本思路就是重点关注通过减少高温的残余废气量来降低燃烧过程开始时的温度，从而避免爆震燃烧的出现。如果不考虑扫气，对于压缩比为 10.0 的发动机，排气过程中当活塞到达上止点时，气缸内仍会有 10%的废气残留。计算结果显示，当残留气体温度为 750 ℃、新气温度为 25 ℃时，如果残留气体占 10%，那么压缩上止点的温度会上升 160 ℃。相反，如果将残留气体的量从 8%减少 1/2，降至 4%，那么即使将压缩比从 11.0 提高到 14.0，压缩上止点的温度也不会上升。

（3）发动机进气管系以及气缸盖的改进设计。

为使气体燃料电控喷射装置能发挥最理想的效果，发动机的进气管系以及气缸盖应进行改进设计。主要应考虑气体燃料电控喷射装置应尽量靠近进气阀处，如将气体燃料电控喷射装置布置在各缸进气支管靠近气缸盖上的进气道进口处，则改动较小，更理想的一种设计方案是将气体燃料电控喷射装置布置在气缸盖上，这需要做较大改动，但应能取得更好的性能。

（4）增压系统等的匹配优化。

应用气体燃料电控喷射装置后，为实现发动机作为一个整体的性能最优，应对相关的各子系统并行地进行优化匹配。如增压系统、点火系统、废气后处理系统等。

（5）控制器控制策略的改进。

为充分发挥气体燃料电控喷射装置在改善各缸均匀性、对多种气体燃料良好适应性的优势，可对控制器控制策略进行改进。例如，可考虑以实测的各缸燃烧室壁面温度作为反馈量，实现闭环控制，独立、实时地调节各缸的气体燃料喷射量，改善发动机各缸工作均匀性。

4.4　本 章 小 结

本章在对原发动机燃料供给系统进行分析的基础上，比较了单点/双点喷射布置方案，并提出了多点顺序间歇喷射布置方案。研制了发动机整机控制器，以转速为控制目标设计了发动机控制方案，设计了模拟信号输入端口和 PWM 控制信号输出端口多路复用的技术方案。此外，提出了在进一步的研究中发动机控制器综合设计应实现的功能，对发动机空燃比进行了闭环控制。最后给出了改进的发动机控制器方案。

第 5 章　应用气体燃料电控喷射装置的大功率发动机混合气形成研究

在发展和应用气体燃料发动机的过程中，气体燃料电控喷射装置的喷射规律、喷射压差和安装位置等都十分关键，很大程度上影响发动机的动力性、经济性、安全可靠性和排放性。但目前有关气体燃料发动机的研究大多集中在发动机的整体性能方面[124-126]，针对气体燃料喷射装置的喷射控制参数研究则较少见到。第 3 章对该电控喷射装置的流量特性进行了深入研究，得到了气门最大升程、阀盘直径、进出口压差和气门开启时间等主要设计及控制参数对电控喷射装置流量特性的影响规律，并建立了气体燃料喷射量和气门总开启时间的关系。但本章只是针对电控喷射装置的自身流量特性进行研究，并未涉及将其应用于大功率发动机后，不同控制参数和安装位置参数等对气体燃料与空气混合过程的影响。针对自行研制的喷射装置，本章将通过 CFD 方法进一步分析研究电控喷射装置安装于大功率发动机后，喷射装置的喷射正时、喷射压差和安装位置对气体燃料进气及混合过程的影响，为工程应用打下良好的基础。

5.1　CFD 计算模型

5.1.1　技术方案

基本工况下，发动机转速为 1000r/min，进气上止点为 360°CA，排气迟闭角为 60°CA，进气迟闭角为 40°CA，电控喷射装置的气门外径为 28mm。在进行电控喷射装置装机后的仿真计算时，电控喷射装置气门升程曲线如图 5.1 所示。

其中，喷射装置的喷射始点、喷射终点、气门开启/关闭的过渡时间、气门开启保持和气门升程都可以根据实际需要进行实时调节。仿真计算时，将喷射装置的气门最大升程定为 4mm，气门过渡时间定为 5ms。进气总管的入口压力采用企业提供的定值 0.155MPa，喷射装置气体燃料入口压力可根据实际需要进行调整，初步选为 0.18MPa。

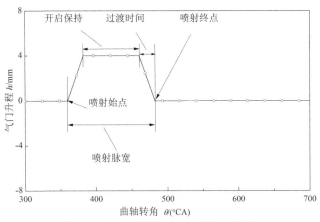

图 5.1　电控喷射装置气门升程曲线图

5.1.2　计算区域的确定

电控喷射装置宜尽早开启，以增加气体燃料与空气的混合时间，使气体燃料进气和混合气的形成更加充分。但喷射装置过早开启会造成发动机扫气期内燃料流失的问题。尤其是大功率发动机，过多的流失燃料会在排气系统内进行燃烧，造成"放炮"现象，应予以避免。

电控喷射装置的关闭时刻会影响气体燃料的进气充分程度，过晚关闭会造成发动机进气过程结束时仍有较多的气体燃料残留在进气道内，并可能会出现回火现象。与此同时，气体燃料与进气空气的压力差值以及喷射装置的安装位置也会影响天然气的进气过程。

为深入研究上述问题，建立了一应用电控喷射装置的大功率发动机 CFD 计算模型（图 5.2）。发动机每个进气总管连接 6 个缸的进气歧管，电控喷射装置安装在进气歧管上，并且位置可调。考虑到计算成本问题，本章只建立了某一缸的 CFD 计算模型。表 5.1 给出了该发动机基本参数。

表 5.1　大功率气体燃料发动机基本参数

项目	参数
缸数/排列方式	12/V
缸径/ mm	190
冲程/ mm	210
额定转速/（r/min）	1000
额定功率/ kW	600
排气迟闭角/（°CA）	60
进气迟闭角/（°CA）	40

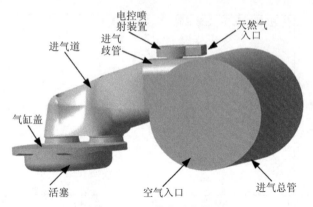

图 5.2   CFD 数值计算模型

5.1.3   计算区域网格的划分

对于本章的非稳态工况模拟计算,计算网格除了保证计算精度和计算效率外,最关键的是还需建立合理的分块拓扑和网格拓扑结构,以保证所建立的网格模型完成电控喷射装置气门、发动机气门以及发动机活塞根据各自的运动规律完成相应的动作。如果网格的拓扑结构不合理或者网格质量较差,那么在动网格的更新过程中很可能会出现负体积网格,整个计算过程会被强制停止,因此非稳态工况的网格划分是整个计算过程的技术难点和重点根据研究问题的要求。为此,本章对整个计算区域的网格划分作了如下处理:

(1)在运动区域处,对计算模型进行结构分块拓扑处理,并在此基础上建立合理的网格拓扑结构。有关电控喷射装置的结构分块拓扑处理以及在此基础上的网格拓扑划分,可以参考本书第 3 章关于网格划分的部分。考虑到发动机气门阀座处存在运动的区域,为实现高效率的动态层法(Dynamic Layering)网格更新,通过专用的网格划分软件 GAMBIT 对气门头部下表面、气门头部上表面和气门颈部表面进行了拉伸和切割操作,建立了用于动态层法网格更新的区域,并在此基础上进行了结构化网格划分,初步完成了计算所需的网格。

(2)对静网格和动网格的公用交界面处应用面分离技术,以保证静止网格对运动网格不产生任何影响。其中,本书第 3 章对电控喷射装置的面分离技术处理进行了详细叙述,有关发动机气门阀座区域的面分离处理可以参考该章节。

(3)对静态网格和动态网格的公用交界面应用面分离技术后,公共交界面处的节点之间不存在任何联系,所以在公共面处根本不存在数据交换,整个公用面此时实际上可以看成壁面边界条件。因此,有必要采用滑移网格技术以解决由于公用交界面的分离而引起的交界面处的两个区域不存在数据传递的问题。该技术在 FLUENT 中可以通过事件来定义。

(4)为兼顾计算成本和精度,应该根据计算区域的重要性和结构特性,建立与之相适应的网格，具体如下：拥有规则形状的进气总管不是重点研究区域，采用大小为 4.5mm 的结构化网格；进气道对所研究的问题影响很大，并存在高曲率的复杂表面，采用了大小为 2mm 的非结构化网格；电控喷射装置的入口区域和主体区域分别采用大小为 1.5mm 和 1mm 的非结构化网格；电控喷射装置气门阀座附近，需要考虑网格的运动，建立了大小为 0.8mm 的结构化网格；发动机气门阀座附近区域建立了大小为 1mm 结构化网格，以方便实现区域的运动；由于活塞部分存在让阀座，结构较复杂，建立了大小为 2.5mm 的非结构化网格。图 5.3为所建立的计算网格运动后，电控喷射装置和发动机气门阀座处局部网格图，所建立的网格模型能够实现电控喷射装置气门、发动机气门以及发动机活塞按照各自给定的规律运动而不出现负网格错误，符合计算要求。

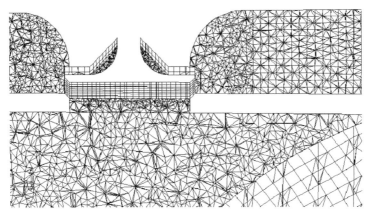

（a）电控喷射装置局部截面

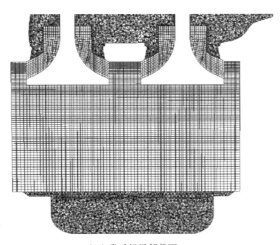

（b）发动机局部截面

图 5.3　CFD 非稳态计算网格

（5）本章研究发动机的气体燃料喷射和整个进气的动态过程，电控喷射装置的气门、活塞和发动机气门是相对曲轴转角的改变而变化的。其中，活塞的运动规律可以根据 FLUENT 中的 piston-full 内部程序来控制，电控喷射装置气门运动规律参考如图 5.1 所示的气门升程曲线，发动机气门的运动规律根据已知的气门升程曲线来定义。

5.1.4　特殊事件的处理

由于 CFD 计算所需网格载体的体积必须为正数。因此，进行 CFD 数值仿真计算时，在模型的结构上不可能实现气门从零开始开启并关闭至零。为此，在建立 CFD 数值计算模型时预留了 0.1mm 的气门间隙，以实现气门从 0.1mm 处开始开启，并最终关至 0.1mm 处。此间隙对气门开启过程影响微乎其微，但气门关闭时，需对该间隙进行特殊处理，以防止出现漏气问题。为此，可以在气门开启和关闭时刻分别定义创建和删除滑移面事件，以实现该间隙处计算数据的传递和切断。

在计算模拟过程中，气门开启和关闭的状态决定着进气道流体计算区域与缸内流体计算区域之间的连接状态，从而影响着流动计算在气道与缸内之间的连续性和一致性。因此在模拟计算发动机的进气流场时，如何实现进气门的开启和关闭，是在动态网格建立过程中需要注意的问题。

此外，电控喷射装置和发动机气门关闭后，电控喷射装置和发动机进气系统对缸内混合气的混合过程不再产生任何影响。为提高计算效率，可以在气门关闭时刻冻结不再需要计算的网格区域。

5.1.5　边界条件、初始条件和求解器的设定

选择标准的 κ-ε 湍流模型，天然气入口和空气入口都采用压力入口边界条件，选用组分运输模型并根据已知的气体燃料组成成分对组分进行设定（表 5.2），壁面条件采用标准壁面函数。缸内初始压力设为 1 个标准大气压。采用基于压力的隐式求解器，压力速度耦合采用 PISO 算法，采用默认的欠松弛因子，压力采用 PRESTO 离散格式，能量、动量、密度、湍动能、湍动能耗散率和各种组分的离散格式均采用二阶迎风格式。

标况：P=101.325kPa、t=298.15K

表 5.2　气体燃料的成分/密度

组分	百分比含量/%
氧气	2.4307
氮气	12.9184

续表

组分	百分比含量/%
甲烷	83.2682
乙烷	0.8050
丙烷	0.5777
标况下热值	28.2689MJ/m³
标况下密度	0.7460 kg/m³
标况下空气密度	1.1838 kg/m³

5.2　基本工况计算结果分析

喷射装置较早开启有利于混合气的形成，但与此同时，需保证不存在扫气期燃料的流失。以进气上止点后 60°CA（排气迟闭角）时，气体燃料未到达气缸盖底部水平截面作为判定准则。

图 5.4（a）和图 5.4（b）分别给出了电控喷射装置的喷射始点为 360°CA，喷射终点为 450°CA，排气门关闭时进气道入口截面和发动机气门阀座截面处的甲烷质量分数等值线图。由图 5.4（a）可以看出，由于喷射装置和进气歧管存在压差，所以可以顺利地将天然气喷入进气歧管内，并在发动机进气气流的带动下流向发动机缸内。由图 5.4（b）可以看出，在排气门关闭时，已经有很少量的天然气进入发动机缸内，但由于排气门和进气门之间存在一定的距离，再加上进入缸内的天然气极少，所以不足以造成发动机扫气期间内燃料流失的问题。综上可以发现，将喷射装置的喷射始点定在进气上止点，既保证了气体燃料和空气有充足的混合时间，同时也不会存在扫气期间燃料流失的问题。

喷射装置较晚关闭可以增加气体燃料的喷射量，以满足大功率气体燃料发动机高负荷时对喷射装置大流量的要求，但喷射装置过晚关闭会减少末期喷射的气体燃料的进气时间，造成发动机进气结束时，进气道内仍然存在较多的气体燃料，最终甚至会导致回火现象的发生。因此，应确定合理的喷射装置关闭时刻以保证进气过程结束时，本工作循环内喷射的气体燃料基本上全部流入气缸内。以进气下止点后 40°CA（进气迟闭角）时，进气阀座以及其附近区域进气道内基本上已无气体燃料作为判定准则，以确定合适的最晚关闭时刻。

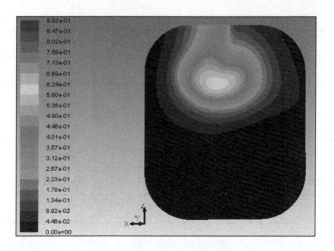

（a）进气道入口截面

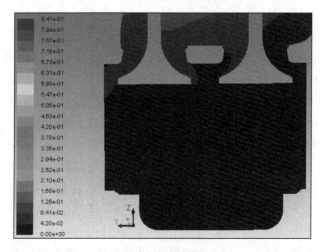

（b）气门阀座处截面

图 5.4　喷射始点为 360 ℃CA 时不同截面甲烷质量分数分布云图

图 5.5（a）和图 5.5（b）分别给出了电控喷射装置喷射终点为 450°CA 时，不同的进气时刻发动机进气门区域截面处的甲烷质量分数分布图。由图 5.5 可以看出，在进气下止点时刻仍有小部分天然气存在于远离喷射装置的左侧气门阀座以及其附近进气道区域内。得益于进气气流的惯性作用，在随后的压缩冲程仍有残存的大部分天然气随进气气流进入发动机缸内。在发动机进气门关闭时，天然气已基本完全进入缸内。图 5.6（a）和 5.6（b）分别给出了电控喷射装置关闭时刻为 468°CA 时，不同的进气时刻发动机进气门截面处甲烷质量分数分布图。通过研究可以发现，由于喷射装置关闭较晚，缩减了末期喷射的天然气的进气时间，造成在发动机进气

下止点时，离喷射装置较远的左侧气门阀座及其附近进气道区域仍存在局部较多的天然气。虽然，在随后的压缩冲程，靠进气气流的惯性作用有部分天然气流进发动机缸内，但是由于在进气下止点时残存的气体燃料量过多，所以最终导致了发动机进气门关闭时气门阀座及其附近进气道区域内仍存在较多的天然气。

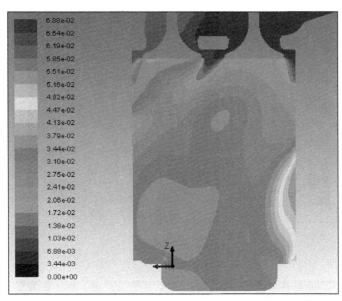

（a）进气下止点

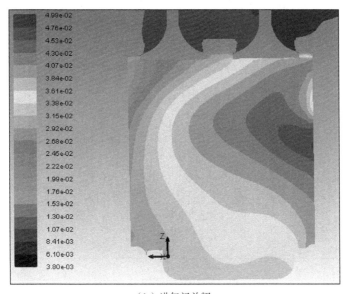

（b）进气门关闭

图 5.5　喷射终点为 450°CA 不同进气时刻甲烷质量分数分布图

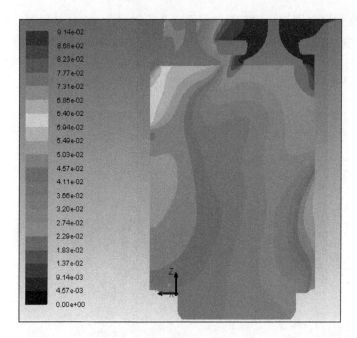

（a）进气下止点

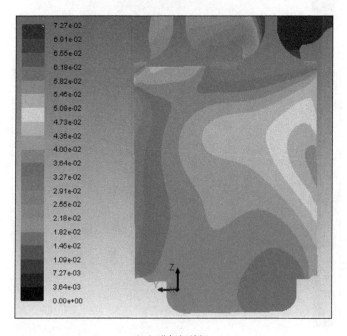

（b）进气门关闭

图 5.6　喷射终点为 468° CA 不同进气时刻甲烷质量分数分布图

综上可以发现，电控喷射装置的喷射终点影响着末期喷射的气体燃料的进气时间，进而对气体燃料的进气充分度影响很大，选择合理的喷射可以使气体燃料进气更加充分。基于上述分析，可以选择 450°CA 作为喷射装置的最晚关闭时刻。

5.3　不同方案的计算结果及分析

5.3.1　不同的气体燃料与进气空气压力差值

较早的喷射终点虽有利于提高气体燃料的进气充分度，但喷射脉宽的缩短会直接影响喷射量，进而会出现高负荷气体燃料进气量不足的问题。

图 5.7 给出了喷射始点为 360°CA、喷射终点为 450°CA、气体燃料和进气空气的压力差值为 0.025MPa 时，在发动机点火时刻（压缩上止点前 15°CA）发动机气缸盖底部截面处的甲烷质量分数分布情况。由图 5.7 可以看出，此时缸内天然气的浓度较小，缸内的空气质量与天然气（包括甲烷、乙烷和丙烷）的质量之比为 25.3，如此低浓度的混合气会造成发动机点火困难以及出现失火现象，无法满足发动机的基本燃烧要求。因此，需要增加喷射装置的气体燃料喷射量以满足发动机燃烧对混合气空燃比的要求。

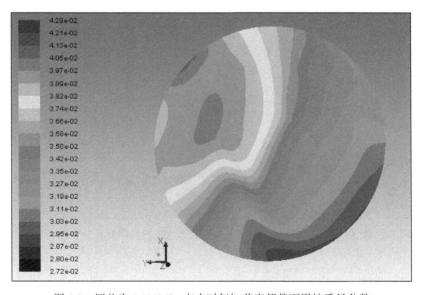

图 5.7　压差为 0.025MPa 点火时气缸盖底部截面甲烷质量分数

基于上述分析可以知道，由于电控喷射装置的气门外径 28mm、最大气门升程 4mm 和气门最大总开启时间 90°CA 已经无法变大，所以唯有通过提高气体燃料和进气空气的压力差值以增加喷射装置的喷射量，以解决发动机高负荷时气体燃料进气量不足所引起的空燃比较大的问题。为此，在基本工况的基础上，进气总管的入口压力保持 0.155MPa 不变，喷射装置气体燃料的入口压力增加到 0.205MPa，使气体燃料和进气空气的压力差值增大到 0.05MPa。

通过本书第 3 章中的有关气体燃料电控喷射装置的流量特性与喷射装置进出口压差的关系可以得知，当气体燃料与进气空气的压力差值增大到 0.05MPa 后，如果仍将喷射终点定为 450°CA，则会造成喷射装置喷射的气体燃料量过多、缸内浓度过大的问题。为此，通过大量计算得到，最终确定喷射终点为 435°CA 以满足发动机正常工作时对空燃比的要求。

图 5.8 给出了增大气体燃料和进气空气的压力差值，并将喷射装置的喷射终点提前到 435°CA 后，发动机点火时发动机气缸盖底部截面天然气质量分数分布图。由图 5.8 可以看出，此时缸内天然气的浓度明显增加。而且经计算可得到，此时缸内的空气质量和天然气的质量之比，可以满足原发动机在此工况下正常工作时对空燃比的要求。

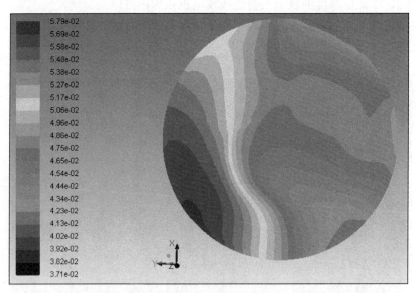

图 5.8　压差为 0.05MPa 点火时气缸盖底部截面甲烷质量分数

不过，通过研究图 5.7 和图 5.8 可以发现，发动机点火时缸内甲烷存在着分布不均匀的问题，气缸左侧区域天然气的浓度较大，并向气缸右侧区域逐渐减小，呈现分层分布的现象。这主要是因为：①通过上述表 5.2 可以发现，天然气的密度为 0.7460 kg/m³，空气的密度为 1.1838 kg/m³，两者的密度之比为 0.63，差别很大。因此在天然气和空气混合过程中很容易出现混合气分层的问题，最终影响混合效果[127];②在发动机压缩冲程末期,发动机气缸内仍然存在着结构明显并且中心线靠近气缸右侧表面的涡流流动(图 5.9(a))。由于此时的涡流速度较小,与天然气所受的离心力相比,气流的运动惯性对天然气的质量分布起着主导作用,因此在工质运动速度较大的气缸右侧区域的天然气会随着气流向左侧区域运动;③与此同时,此时发动机缸内还存在着结构明显的大尺度滚流流动(图 5.9(b))。同样受到气流运动惯性的影响,天然气在缸内左侧流速小的区域浓度较大,并向右侧逐渐变小。

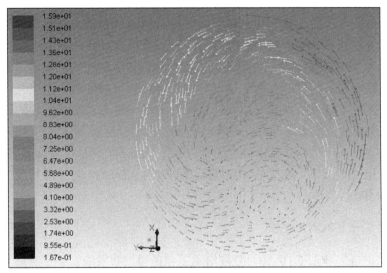

(a)气缸盖底部截面

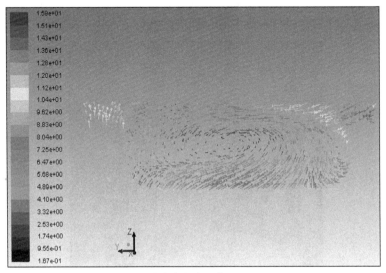

(b)气缸中心截面

图 5.9   压差为 0.025MPa 点火时工质速度矢量图

　　不过，随后的压缩和燃烧过程，发动机缸内大尺度的滚流会逐渐破碎成小尺度湍流，进而提高发动机缸内工质的湍动能强度，增大火焰褶皱面积，改善发动机的燃烧效率[128]。综上可见，原机进气道有待优化，以组织有利于改善天然气均匀性的气流流动。

5.3.2　不同的喷射装置安装位置

　　电控喷射装置在进气歧管上的安装位置会直接影响气体燃料在进气歧管和进气道内流动行程的长短，进而影响气体燃料的进气和混合过程。喷射装置靠近燃烧室可以减小气体燃料的进气行程，可能会提高其进气充分度，但如果喷射始点仍为 360°CA 不变，也可能会出现扫气期内燃料流失的问题。相反喷射装置远离燃烧室后，可能会因气体燃料进气行程的增加影响其进气充分度。为深入研究并确定电控喷射装置的安装位置对天然气进气和混合过程的影响，以基本工况安装的位置为基准（此时喷射装置的中心线距进气道入口为 50mm），将喷射装置分别向进气下游和上游平移了 35mm，喷射始点和终点分别为 360°CA 和 450°CA，进气总管空气压力差值为 0.155MPa，喷射装置的入口压力为 0.18MPa。

1. 安装位置远离燃烧室

　　图 5.10（a）和图 5.10（b）分别给出了电控喷射装置的安装位置远离发动机燃烧室后，进气初期和进气终点时不同截面处甲烷质量分数分布情况。通过研究可以发现，由于天然气的压力值高于进气总管内空气的压力值，所以会造成喷射装置靠近进气总管后，进气初期时存在部分天然气流入进气总管内的情况。

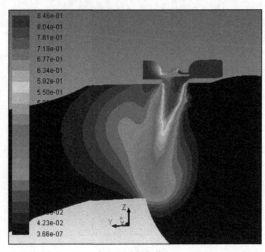

（a）进气初期

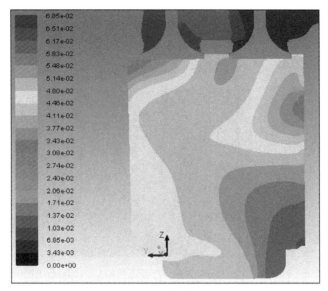

（b）进气终点

图 5.10　喷射装置远离燃烧室不同进气时刻甲烷质量分数分布图

考虑到每个进气总管连接着 6 个发动机进气歧管，倒流入进气总管内的天然气很有可能会随着进气空气流入到其他的进气歧管内，最终会影响电控喷射装置对发动机空燃比的控制精度，甚至很有可能会出现发动机进气道内的回火现象，实际工程中应予以避免。

此外，比较图 5.5（b）和图 5.10（b）可以发现，虽然在两种安装位置下，喷射装置的喷射始点和喷射终点一致，但喷射装置的安装位置远离燃烧室后，会增加天然气在进气歧管和进气道内的行程，导致末期喷射的天然气进气过程更加紧促，最终出现如图 5.10（b）所示的进气终点时气门阀座及其附近进气道区域内存在较多的天然气的问题，天然气的进气充分度降低。因此，实际工程应用时，喷射装置不应远离发动机燃烧室。

2. 安装位置靠近燃烧室

图 5.11 给出了安装位置靠近燃烧室后，排气门关闭时，发动机气门阀座截面处的甲烷质量分数分布情况。由图 5.11 可以发现，与基本工况安装位置相比，喷射装置靠近燃烧室后会减小天然气在进气道和进气歧管内的进气行程，进而出现在排气门关闭时已经有少量的天然气流入发动机内，但考虑到排气门和进气门之间存在一定的距离，再加上如此少的缸内天然气量，并不会造成扫气期气体燃料流失的问题。所以在此种安装位置下，仍可以将喷射装置的喷射始点定在进气上止点。

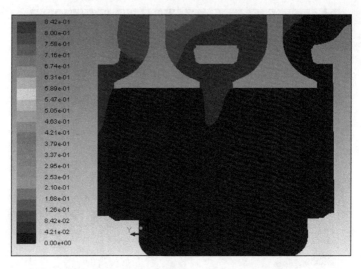

图 5.11　排气门关闭时进气门截面处甲烷质量分数分布图

　　图 5.12 给出了安装位置靠近燃烧室后，排气门关闭时，进气门截面处甲烷质量分数分布情况。由图 5.12 可以发现，与基本工况安装位置（图 5.5（b））相比较，由于喷射装置越接近燃烧室后，气体燃料在进气歧管和进气道内的进气行程缩短，气体燃料的进气充分度进一步提高。

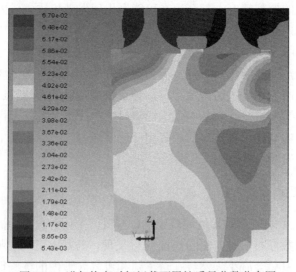

图 5.12　进气终点时气门截面甲烷质量分数分布图

　　综上可以得出，实际工程应用时喷射装置宜靠近燃烧室防止出现进气初期存在部分气体燃料流入进气总管和进气结束时气体燃料进气不充分的问题，为气体燃料的电控调节提供更大的自由度。

　　图5.13给出了发动机点火时气缸中心截面处不同安装位置下缸内的工质湍动能分布情况。由图 5.13 可以发现，点火时刻发动机火花塞附近区域的工质湍动能强度较大，这对增加点火初期火焰褶皱面积十分有利，提高火焰传播速度，改善发动机的燃烧效率。

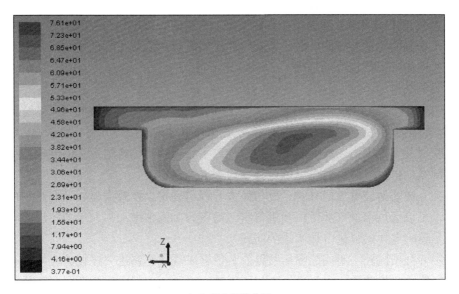

（a）基本安装位置

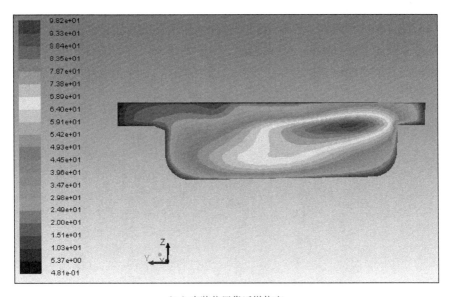

（b）安装位置靠近燃烧室

图 5.13　点火时刻缸内的湍动能分布图

5.4　本 章 小 结

本章利用 FLUENT 软件建立了一种大功率气体燃料发动机安装自行研制的电控喷射装置后的 CFD 数值模拟计算模型，并完成了相关仿真计算。确定电控喷射装置喷射脉宽的调节范围，并分析比较了不同的气体燃料与进气空气的压力差值以及不同的喷射装置的安装位置对气体燃料进气和混合过程的影响，为进一步的工程应用打下了良好的基础。

具体结论如下：

（1）通过 CFD 计算仿真方法，确定了气体燃料电控喷射装置的喷射脉宽调节范围，即喷射始点定在进气上止点，喷射最晚关闭时刻定在进气上止点后 $90°CA$。在此喷射脉宽范围内，既能够保证扫气期内不会出现气体燃料流失的问题，也可以实现发动机进气结束时进气道内基本已无气体燃料。

（2）在喷射装置气门外径、气门最大升程已确定以及最大喷射脉宽达到最大值时，可以通过增加气体燃料和进气空气的压力差值来增加喷射量的方法，以解决高负荷时气体燃料进气量不足的问题。

（3）分析比较了不同的喷射装置安装位置下气体燃料进气过程的变化情况。研究表明，喷射装置应尽量靠近进气道安装，以防止出现进气初期存在部分气体燃料流入进气总管和进气结束时气体燃料进气不充分的问题，为气体燃料的电控调节提供更大的自由度。

（4）在压缩冲程末期，气缸内同时存在结构明显的工质运动涡流和滚流；受天然气与空气密度差别大以及缸内涡流、滚流的影响，气体燃料分布较不均匀。需对原机进气道及燃烧室进行改进设计，以组织有利于改善混合气均匀性的进气流动。

第6章 应用气体燃料电控喷射装置的发动机试验研究

在完成对气体燃料发动机及其控制器的改进设计后，本研究进行了电控喷射装置和气体燃料发动机的匹配试验。试验的目的是验证研究开发的电控喷射装置的功能及其对气体燃料发动机性能的影响。本章将首先介绍气体燃料发动机的试验系统构成，通过试验对发动机启动、怠速稳定性、各缸均匀性调整和定转速下的不同负荷调节进行了研究。

6.1 试 验 装 置

图 6.1 为应用电控喷射装置的气体燃料发动机试验装置示意图，主要由气体燃料管路、电控喷射装置及其控制器、点火系统及其控制器、发动机控制/监控平台、气体燃料发动机、发电机及其监控平台和负载电阻等组成。

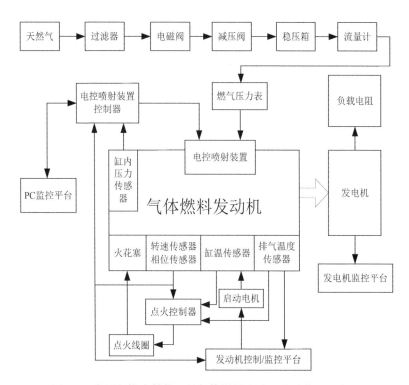

图 6.1 应用电控喷射装置的气体燃料发动机试验装置示意图

试验装置在胜利油田动力机械集团有限公司生产的非增压 12 缸 600kW 天然

气发电机组 600GF1-RT（图 6.2）的基础上改进完成，原天然气发动机型号为 1FC6 457-6LA42，其主要参数如表 6.1 所示。

图 6.2　600GF1-RT 型天然气发电机组

表 6.1　1FC6 457-6LA42 天然气发动机主要参数

指标	数值
功率/ kW	600
转速/(r/min)	1000
耗气量/(MJ/kWh)	10
进气总管压力/ kPa	55
排气总管压力/ kPa	56
缸径/ mm	190
连杆长度/ mm	410
曲柄半径/ mm	105
余隙/ mm	1.385～2.342
发火顺序	1—8—5—10—3—7—6—11—2—9—4—12
燃烧室形式	浅盆型燃烧室
试验用燃料	管道天然气

　　管道天然气依次通过过滤器、电磁阀、减压阀、稳压箱、流量计和燃气压力表之后供应给发动机。发动机的燃气供应系统按照多点顺序喷射的布置方案，在

每个缸的进气歧管上布置电控喷射装置，控制天然气的喷射。电磁阀由发动机控制/监控平台控制，发动机进入启动模式后即开启电磁阀开始供应天然气，进入停机模式时关闭电磁阀以切断天然气。管道天然气的压力约为 0.5MPa，而在实际的应用现场燃气压力较低，通过减压阀将燃气压力降至 0.18MPa，并经过稳压箱进行稳压后才供应给发动机。使用一个燃气流量计和压力表分别测量消耗的燃气流量和燃气进气压力。

气体燃料发动机的飞轮直接和发电机的输入轴相连，驱动发电机，发电机产生的电能直接由负载电阻以热量的形式消耗。发动机的负荷由负载电阻值调节，并可以通过发电机监控平台实时监测发电机的输出电压和电流。

发动机的点火系统采用独立的点火控制器，通过闭环控制的方式控制点火提前角，点火控制器根据转速和相位等传感器信号通过查表和插值方法计算该工况下最佳点火提前角和初级电路导通时间，并根据缸温信号和排气温度信号进行实时补偿，在最佳时刻向点火驱动电路发出控制信号。

发动机控制/监控平台主要实现系统燃气总开关控制、发动机的启动电机控制、润滑和冷却系统控制以及发动机运行状态监控和报警等功能。在发动机的实际运行过程中，通过缸内温度传感器、排气温度传感器和磁电式转速传感器对发动机的运行状态进行实时监控，发动机的每个工作气缸均对缸内温度和排气温度进行检测，以观察各缸的工作均匀性。缸内温度和排气温度均通过 WRNK-291 型铠装热电偶进行测量，其测量范围为 0～1100°C，精度为±2.5°C，铠装热电偶通过固定安装装置分别安装在气缸盖上，缸内温度和排气温度信号同时提供给点火控制器，供点火提前角修正使用。

电控喷射装置控制器根据发动机目标转速和采集的发动机转速信号和凸轮轴相位信号，计算得到需要的喷射脉宽，对电控喷射装置的气门运动进行精确控制，从而实现发动机的转速闭环控制。电控喷射装置控制器通过通信端口和 PC 之间建立通信关系，向 PC 发送电控喷射装置的实际运行状态（包括瞬态气门升程和控制电流），并接收来自于 PC 的控制指令。控制器计算得到的喷射脉宽为各缸统一的喷射脉宽，在发动机的实际运行过程中，受到管路压力波动等因素的影响，各缸工作具有一定的不均匀性，在研究中通过观测发动机控制/监控平台的缸温和排气温度信号，通过 PC 监控平台发送喷射脉宽修正信号，对各缸均匀性进行补偿修正。

为了全面地分析电控喷射装置对气体燃料发动机燃烧过程的影响，电控喷射装置控制器还采集了第 12 缸的缸内压力信号，缸内压力传感器采用 Kistler 2516 型压电式传感器。缸内压力传感器安装在原第 12 缸缸温传感器的位置，因此发动机控制/监控平台中监测的数据并不包含第 12 缸的缸内温度。当第 12 缸缸内压力发生变化时，缸内压力传感器中的压电材料受力后产生表面电荷，经电荷放大器放大后输出与压力成正比的电压信号，缸内压力传感器的具体参数如表 6.2 所示。

表 6.2　缸内压力传感器参数

参数	数值
测量范围/MPa	0～25
输入电压/V	1～15
灵敏度（可调）/（V/MPa）	0.07～0.4
测量精度/MPa	0.01
发动机转速范围/（r/min）	50～400
工作温度/°C	0～50

实际的发动机试验装置如图 6.3 所示。

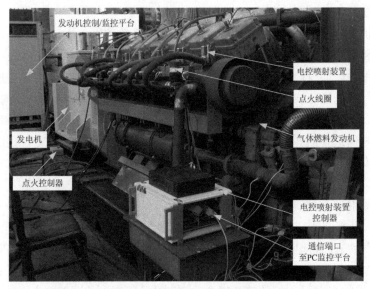

图 6.3　应用电控喷射装置的气体燃料发动机试验装置

6.2　试验结果及分析

6.2.1　发动机启动及怠速试验

气体燃料发动机的启动过程控制发动机从停机状态切换到怠速状态，是发动机工作必经的一个瞬态过程。启动过程以怠速转速为发动机控制的目标，启动电机可带动发动机转速至约 200 r/min，实际控制程序中设定当发动机转速大于

100 r/min 时电控喷射装置开始工作，随着各个气缸逐渐开始工作，发动机转速开始上升，启动时间是发动机的一个重要性能指标。

图 6.4 给出了发动机启动过程的瞬时转速，怠速目标转速为 700r/min，从图 6.4 中可以看出，当发动机转速到达 200r/min 左右时，各气缸开始工作，转速上升，发动机启动过程平稳，启动时间为 7s。

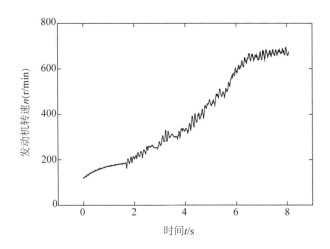

图 6.4　发动机启动过程转速变化曲线

图 6.5 为怠速工况下发动机的转速变化曲线，通过怠速稳定性试验可以验证发动机怠速稳定运行的能力。从图 6.5 中可以看出，怠速运转时发动机的转速波动约为±30 r/min，可见气体燃料发动机在应用电控喷射装置时具有良好的平稳性。

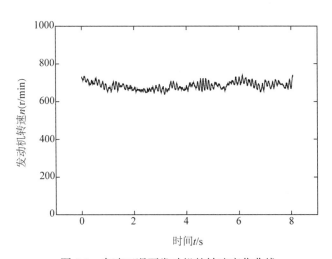

图 6.5　怠速工况下发动机的转速变化曲线

由于试验条件所限，进气系统并未安装节气门，因此怠速工况下混合气较稀。图 6.6 给出了怠速工况下第 12 缸的缸内压力曲线，虽然从缸内瞬时压力测试结果可以看出，有部分工作循环出现未能着火的现象，但仍然可以保证发动机顺利启动和怠速的稳定运行。

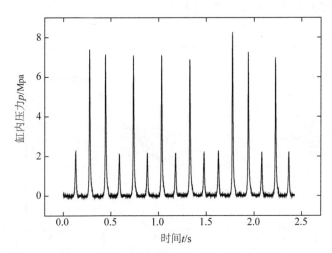

图 6.6　怠速工况下第 12 缸的缸内压力曲线

6.2.2　各缸均匀性调节

发动机各缸制造误差的差异和进气系统的压力波动都会引起各缸工作不均匀，从而使发动机转速呈现不均匀的波动。

发动机工作过程中的缸内温度可以反映各缸的均匀性，试验过程中，对各缸缸温进行实时地监控，通过 PC 监控平台向电控喷射装置控制器发送控制指令，增加实测缸温偏低的气缸的供气量，同时对实测缸温偏高的气缸减小供气量。图 6.7（a）为调整前的各缸缸温，图 6.7（b）为调整后的各缸缸温，试验表明，供气量的调节可以有效地调整各缸均匀性，使各缸的缸温保持在平均值±20 K。将来可进一步在控制器中加入各缸均匀性实时调整的功能，实现更好的发动机性能。

6.2.3　增减负荷时的发动机转速控制

发动机的额定转速为 1000r/min，试验中从怠速工况开始控制发动机转速逐步上升，设定目标转速分别为 800r/min、900r/min 和 1000r/min。实测的发动机转速变化曲线如图 6.8 所示，试验表明，当目标发动机转速变化时，电控喷射装置可以快速响应，实现发动机转速的跟随。

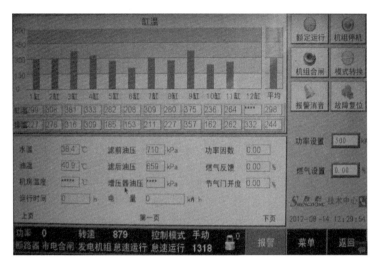

（a）调节前的各缸缸温

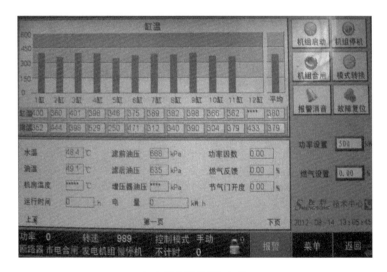

（b）调节后的各缸缸温

图 6.7　发动机各缸均匀性的调节

当发动机转速稳定在 1000r/min 时，可以对发电机组合闸开始加载，通过改变负载电阻来调节负荷，每次变化 25kW，负荷变化时应保持发动机转速不变。图 6.9 为负荷变化时的发动机转速变化曲线，试验表明，在加载和卸载过程中，发动机转速均未出现明显的波动，表明气体燃料电控喷射装置反应迅速，有较强的供气量调节能力。

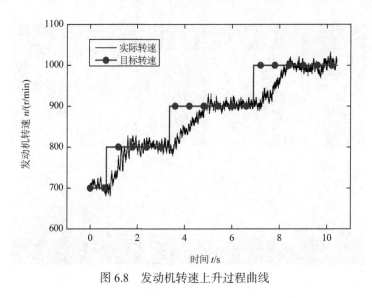

图 6.8　发动机转速上升过程曲线

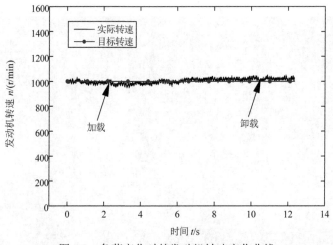

图 6.9　负荷变化时的发动机转速变化曲线

6.2.4　发动机示功图测试结果与分析

　　图 6.10 给出了发动机第 12 缸在不同转速下空载的示功图。试验结果表明，在相同负荷和点火提前角的条件下，随着发动机转速的增加，相同曲轴转角对应的持续时间缩短，导致点火时刻提前，缸内气体峰值压力逐渐增大，峰值压力出现位置也越靠近上止点。

　　图 6.11 为额定转速下不同负荷时的发动机第 12 缸示功图。由试验结果可知，当额定转速为 1000r/min 时，缸内气体峰值压力随发动机负荷的增加而增大，峰

值压力出现的时刻也随负荷的增加而提前。这是由于负荷的增大，使缸内残余废气量减小，同时影响点火时刻的缸内气体状态，缩短着火延迟期，相当于点火提前，引起较高的缸内气体峰值压力。

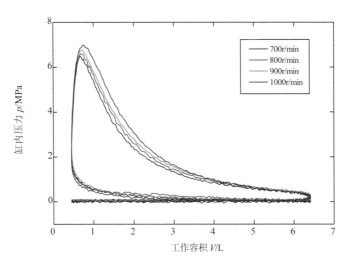

图 6.10   不同转速下的发动机示功图（空载）

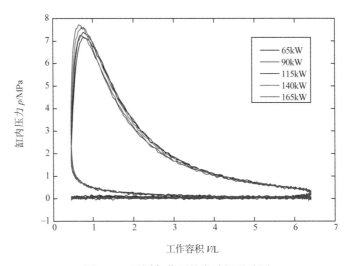

图 6.11   不同负荷下的发动机示功图

图 6.12 为额定转速下发动机输出功率为 140 kW 时第 12 缸连续 10 个工作循环的缸内压力曲线图。

燃烧循环波动是火花点火式发动机的共有特性。在曲轴式内燃机中经常用缸内峰值压力 p_{max} 或者平均指示压力 p_{mi} 的循环波动率 CoV 表征燃烧过程的循环波

动。以缸内峰值压力 $p_{\max}$ 为例，燃烧过程循环波动率的计算公式为

$$\mathrm{CoV}(p_{\max}) = \sigma(p_{\max}) / \overline{p_{\max}} \times 100\% \qquad (6.1)$$

$$\sigma(p_{\max}) = \sqrt{\frac{1}{N-1} \sum_{i=1}^{N} (p_{i\max} - \overline{p_{\max}})^2} \qquad (6.2)$$

$$\overline{p_{\max}} = \frac{1}{N} \sum_{i=1}^{N} p_{i\max} \qquad (6.3)$$

式中，N——计算循环波动率的燃烧循环个数；

$\sigma(p_{\max})$——缸内气体峰值压力的标准差；

$\overline{p_{\max}}$——缸内气体峰值压力的算术平均值。

采用式（6.1）、式（6.2）和式（6.3）对 12 缸气体发动机的缸内压力数据进行统计分析得峰值压力循环波动率 $\mathrm{CoV}(p_{\max})$ 大约为 3%，表明混合气燃烧过程循环变动小，燃烧过程平稳。

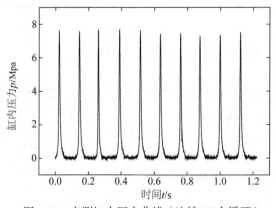

图 6.12　实测缸内压力曲线（连续 10 个循环）

6.3　本　章　小　结

本章首先介绍了气体燃料发动机的试验系统构成，通过试验对发动机启动、怠速稳定性、各缸均匀性调节和定转速下的不同负荷调节进行了研究。试验结果表明，研究的电控喷射装置可以实现气体燃料发动机的顺利启动，怠速运行平稳；通过人机交互的方式可以对各缸均匀性进行有效地调节；电控喷射装置对目标发动机转速变化和负荷变化均可以快速响应，有效地控制发动机的转速；转速和负荷影响缸内气体燃烧过程，在相同条件下缸内峰值压力循环波动率小，燃烧过程平稳。通过试验的验证，综合评估了电控喷射装置的供气量调节能力，验证了电控喷射装置技术的可行性。

第7章　总结与展望

7.1　本书主要工作与结论

　　针对目前采用电磁铁驱动的大功率气体燃料发动机电控喷射装置所存在的工作行程较小、喷射流量低、控制特性差和落座速度大等问题，本书提出了一种基于动圈式电磁直线执行器和菌型阀结构的气体燃料电控喷射装置，并运用理论分析、仿真计算和试验研究相结合的方法对其结构设计、控制技术、性能和流量特性等进行了深入、系统地研究，最后完成了实体样机的装机试验。研究结果表明，自行研制的电控喷射装置具备良好的控制特性、高响应速度和低落座速度等优势，能够将气体燃料定时、定量地喷射到发动机每一气缸靠近进气道的进气歧管内，实现多点顺序间歇的供气方式，完成对各缸空燃比的实时、准确、独立的控制，满足了大功率气体燃料发动机对喷射装置的大流量、高响应等技术要求。为大功率气体燃料发动机性能提升和电控喷射装置工程化应用奠定了基础，主要取得了以下成果：

　　（1）提出了气体燃料电控喷射装置的设计方案。在对大功率气体燃料发动机对电控喷射装置的要求分析的基础上，对不同形式的电控喷射装置进行了系统地研究。针对目前采用电磁铁驱动方式的电控喷射装置所存在的问题，提出了一种基于动圈式电磁直线执行器和菌型阀结构的气体燃料电控喷射装置的设计方案，并详细地描述了其基本工作原理，完成了样件设计。

　　（2）构建了基于 DSP 的气体燃料电控喷射装置控制系统，设计并研制了控制系统的硬件电路，编制和调试了控制软件程序，为电控喷射装置的控制系统试验验证奠定了软件和硬件基础。最后对所研制的喷射装置样件进行了静态和动态性能测试试验。研究表明，自行研制的电控喷射装置的最大气门升程可达 4mm，气门从关闭到最大开启位置（或最大开启位置到关闭）的过渡时间为 5ms，实测的气门落座速度低于 0.1m/s，具备良好的控制特性、高响应速度和低落座速度等优势。

　　（3）对气体燃料电控喷射装置自身的流量特性进行了深入研究。建立了经过试验验证的流动数值模拟计算模型，可以准确地计算一种大功率发动机气体燃料电控喷射装置的稳态和非稳态工况下的流量特性。明确了电控喷射装置的流量特性随着气门升程、气门外径、压差和气门开启时间等主要设计及控制参数变化的规律。建立了可直接用于气体燃料喷射量调节控制的气体燃料喷射量 G 和气门总开启时间 Δt 的映射关系，为气体燃料电控喷射装置的工程打下了良好的基础。

（4）论述了应用气体燃料电控喷射装置的发动机设计研究。在对原发动机燃料供给系统进行分析的基础上，分析比较了单点/双点喷射布置方案，并提出了多点顺序间歇喷射布置方案。研制了发动机整机控制器，以转速为控制目标设计了发动机控制方案，设计了模拟信号输入端口和 PWM 控制信号输出端口多路复用的技术方案。此外，提出了在进一步的研究中发动机控制器综合设计应实现的功能，对发动机空燃比进行了闭环控制。最后给出了改进的发动机控制器方案。

（5）建立了一大功率气体燃料发动机应用气体燃料电控喷射装置后的非稳态 CFD 计算模型，以研究喷射装置不同的控制参数和安装参数对气体燃料进气和混合过程的影响。确定了气体燃料电控喷射装置的喷射脉宽调节范围，即喷射始点定在进气上止点，喷射最晚关闭时刻定在进气上止点后 $90°CA$。在此喷射脉宽范围内，既能够保证扫气期内不会出现气体燃料流失的问题，也可以实现气体燃料的充分进气。

（6）明确了在喷射装置气门外径、气门最大升程和最大喷射脉宽无法改变时，通过增加气体燃料和进气空气的压力差值来增加喷射量的方法以解决高负荷时喷射装置供气量不足的问题。分析比较了不同的喷射装置安装位置下气体燃料进气过程的变化情况。研究表明，喷射装置应尽量靠近进气道安装，以防止出现进气初期存在部分气体燃料流入进气总管和进气结束时气体燃料进气不充分的问题，为气体燃料的电控调节提供更大的自由度。发现了在压缩冲程末期，气缸内同时存在结构明显的工质运动涡流和滚流；受天然气与空气密度差别大以及缸内涡流、滚流的影响，气体燃料分布较不均匀。需对原机进气道和燃烧室进行改进设计，以组织有利于改善混合气均匀性的进气流动。

（7）完成了气体燃料发动机应用电控喷射装置后的试验研究。在一大功率气体燃料发动机上进行了包括发动机启动、怠速稳定性、各缸均匀性调整以及给定转速下增减负荷的试验工作。试验结果表明，所研制的气体燃料电控喷射装置工作正常，可以满足大功率气体燃料发动机对喷射装置的大流量、高响应和低落座等要求。通过气体燃料电控喷射装置的应用，可以较大幅度地提高发动机的性能和对不同性质气体燃料的适应性。

7.2　本书的创新点

（1）提出了一种应用于大功率发动机的气体燃料电控喷射装置，完成了一种以动圈式电磁直线执行器作为驱动部件和菌型阀结构的气体燃料电控喷射装置的创新设计。所研制的喷射装置能够将气体燃料定时、定量地喷射入发动机每一气缸靠近进气道的进气支管内，为各缸空燃比的实时、准确、独立调节提供前提条件，同时还具备良好的控制特性、高响应速度和低落座速度等优点，可以实现气门运行参数在运行范围内的柔性化调节。

（2）建立了应用气体燃料电控喷射装置的大功率气体燃料发动机非稳态 CFD 计算模型，深入研究了气体燃料喷射过程和混合气形成过程。确定了气门最大升程、阀盘直径、压差和气门开启时间等主要设计及控制参数对气体燃料电控喷射装置流量特性的定量关系，并阐明了喷射装置安装位置、气体燃料和进气空气的压力差值等对气体燃料喷射量和混合气形成质量的影响。

（3）自行研制了气体燃料电控喷射装置并完成了应用气体燃料喷射装置的大功率发动机的实机验证性试验。进行了包括发动机启动、怠速稳定性、各缸均匀性调整和给定转速下增减不同负荷的试验，验证了技术的可行性与先进性。应用于大功率发动机的气体燃料电控喷射装置目前国内尚未见到研制成功的报道。

7.3　研究与展望

尽管本书对气体燃料发动机电控喷射装置进行了较为深入和系统的研究，但由于时间和条件的限制，仍然对有些问题有待进一步深入研究，主要包括以下几个方面：

（1）空燃比的闭环控制是更精确地控制发动机燃烧过程的关键，需要进一步改进控制软件的设计，完善控制系统的空燃比的闭环控制。

（2）对应用气体燃料电控喷射装置气体发动机的混合气形成过程进行了深入地研究，今后需要对其燃烧过程有待进一步的深入研究，为气体燃料电控喷射装置的优化和设计，提供参考。

（3）通过发动机工作过程仿真、试验和实际验证相结合的方法，验证了技术的可行性，气体燃料控制装置运行稳定，工作正常。但由于现有条件的限制，下一步需要对发动机的性能提升和气体燃料喷射装置的耐久性做进一步试验研究，以充分挖掘气体燃料喷射装置在发动机性能提升方面的优势，为其工程应用做进一步的准备。

参 考 文 献

[1] 康逸宁. BP 世界能源统计[EB/OL]. www.bp.com/statisticalreview [2010-6-31]

[2] 杜子学. 车用能源及新型动力车的发展与研究[J]. 上海汽车, 2007(6): 3-8

[3] Dudley B. 2030 世界能源展望[EB/OL]. www.bp.com/liveassets/bp/2030-Energy-Outlook- CHN.pdf [2011-1-30]

[4] Zuo C J, Qian Y J, Tan J. An experimental study of combustion and emissions in a spark-ignition engine fueled with coal-mine methane[J]. Energy, 2008, (3): 445-461

[5] Das L M, Gulatii R, Gupta P K. A comparative evolution of the performance characteristics of a spark innition engine using hydrogen and compressed natural gas as altenrative fuels[J]. Intenrational Jounral of Hydrogen Energy, 2000(25): 783-793

[6] Toshiyuki S, Benjamin K A. Near-zero emission natural gas vehicle[J]. Honda Civic GX[C], SAE, 1997, 972643

[7] 王煜, 刘建华. 低热值混合气体燃料发动机开发研究[J]. 北京汽车, 2008 (3): 3-7

[8] 单冲. 低热值气体燃料发动机的试验研究[D]. 北京: 北京交通大学, 2011

[9] 郭建兰, 杜少俊. 低热值气体燃料的燃烧特性分析[J]. 太原理工大学学报, 2009(5): 303-306

[10] 单玉梅. 二甲醚发动机电控燃料喷射系统控制器的研制[D]. 成都: 西华大学, 2010

[11] Arena M, Jehlik F, Gross R. Development of an advanced, Low-Emitting propane-fueled vehicle[R]. South Coast Air Quality Management District, 2010: 15-23

[12] 陈宜亮, 牟善祥. 国内外气体燃料发动机技术发展与展望[J]. 柴油机, 2003(4): 11-13

[13] 范冰. 气体燃料发动机控制系统开发[D]. 广州: 华南理工大学, 2011

[14] 时光志, 盛苏建. 浅析港作拖轮采用液化天然气作燃料的可行性[J]. 中国水运, 2012(2): 23-24

[15] 姜升, 李幸福, 王怀玲. 天然气汽车浅谈[J]. 农业装备与车辆工程, 2010(4): 31-33

[16] 马小平, 任少博. 浅析天然气汽车的发展[J]. 农业装备与车辆工程, 2011(1): 1-3

[17] 张德福, 张惠明, 龚英力. 天然气发动机供气系统的开发研究[J]. 航海技术, 2004(5): 39-40

[18] 窦慧莉. 电控喷射稀燃天然气发动机的关键技术研究[D]. 长春: 吉林大学, 2006

[19] 袁华智. 电控汽油/CNG 两用燃料发动机故障模拟试验及诊断研究[D]. 西安: 长安大学, 2010

[20] 许健. 电控天然气掺氢发动机性能研究[D]. 北京: 北京交通大学, 2008

[21] 范龙飞. 天然气发动机电控喷射系统的研究[D]. 北京: 北京交通大学, 2010

[22] 王军雷, 张正智. 改革开放 30 年的中国汽车工业[J]. 汽车工业研究, 2009(1): 2-9

[23] 滕勤. 点燃式煤层气发动机系统建模及空燃比控制研究[D]. 合肥: 合肥工业大学, 2007

[24] 常思勤，刘梁. 高功率密度的动圈式永磁直线电机：中国，CN101127474B[P]. 2010-07-14

[25] Liu L, Chang S Q. A moving coil electromagnetic valve actuator for camless engines[C], IEEE International Conference on Mechatronics and Automation，2009：176-180

[26] 刘梁，常思勤. 一种动圈式电磁驱动气门的可行性研究[J]. 中国机械工程，2009，20(19)：2283-2287

[27] 周毅，杨帅，应启夏，等. 电控气体喷射式 LPG 发动机的研究与开发[J]. 内燃机工程，2006(8)：73-76

[28] 王学合，黄震. LPG 多点连续电喷发动机及车辆的排放试验研究[J]. 内燃机学报，2004(2)：97-103

[29] Baik D S, Han Y C, Rha W Y, et al. A study on exhaust gas characteristics of a LPG vehicle by engine control module[R]. Research paper of Korea Kookmin Univesity, 2002：10-15

[30] 赵晶普. BUMP 燃烧室内混合气形成及缸内气流运动的研究[D]. 天津：天津大学，2003

[31] 邵千钧. 电控 LPG 发动机及其缸内直接喷射技术的研究[D]. 杭州：浙江大学，2003

[32] 肖合林. LPG 压燃发动机喷雾及燃烧特性研究[D]. 武汉：华中科技大学，2007

[33] 曹云鹏. 船用 LPG 发动机喷射控制系统设计技术研究[D]. 哈尔滨：哈尔滨工程大学，2011

[34] 李国岫. 柴油-天然气发动机电控气体燃料喷射技术的研究[J]. 车用发动机，2000(2)：8-11

[35] 高青，梁宝山，张纪鹏，等. 天然气/柴油双燃料发动机机电控喷气技术研究[J]. 天然气汽车，1999(3)：34-38

[36] 方祖华. 点燃式内燃机气体燃料电控喷射技术的研究[J]. 燃烧科学与技术，1997(1)：175-181

[37] 徐国强，高献刊，侯瑞娟. CNG 柴油双燃料发动机供气技术研究[J]. 内燃机，2004(5)：15-17

[38] Aslan M U, Masjuki H H, Kalam M A. An experimental investigation of CNG as an alternative fuel for a retrofitted gasoline vehicle[J]. Fuel, 2006(85)：717-724

[39] 刘振涛，愈晓莉，费少梅，等. 天然气/柴油双燃料发动机燃气供给系统特性研究[J]. 内燃机工程，2002(2)：5-19

[40] 郭林福，张欣，李国岫. 电控顺序喷射 CNG 发动机喷射定时的试验研究[J]. 小型内燃机与摩托车，2006(3)：1-4

[41] 牛洪成. 基于 CAN 总线技术的燃气发动机进气系统的研究[D]. 济南：山东大学，2009

[42] 张幽彤，刘兴华，杨青，等. 电控天然气—柴油机双燃料系统应用技术研究[J]. 汽车工程，2000，22(3)：150-154

[43] 蒋德明. 高等内燃机原理[M]. 西安：西安交通大学出版社，2002

[44] 陆际清，刘峥，庄人隽. 汽车发动机燃料供给与调节[M]. 北京：清华大学出版社，2002

[45] 周龙保. 内燃机学[M]. 北京：机械工业出版社，1999

[46] 王学合，黄震. LPG 多点连续电喷发动机及车辆的排放试验研究[J]. 内燃机学报，2004，22(2)：97-103

[47] 蔡少娌，许伯彦，梁夫友. 多点电喷天然气发动机燃料喷射过程研究[J]. 汽车工程，2004，26(4)：397-400

[48] 杜喜云. 电控多点喷射天然气发动机的开发[D]. 长春：吉林大学，2007

[49] 刘兴华. 天然气发动机多点顺序喷射技术的开发研究[J]. 内燃机工程，2003，24(3)：16-19

[50] 彭雪飞. CNG 单燃料多点喷射发动机电控系统开发及性能研究[D]. 长春：吉林大学，2008

[51] Nakagawa K J, Sakura T, Shoji I F. Study of Lean Bum Gas Engines Using Pilot Fuel for Ignition Source[A]. SAE 1998 World Congress[C]. Warrendale PA：SAE, 1998：982480

[52] 甘海云，Post J W，李静波，等. 斯太尔重型 CNG 发动机电控单元的开发[J]. 汽车工程，2007(29)：1028-1032

[53] 蒋德明，陈长佑，杨嘉林，等. 高等车用内燃机原理[M]. 西安：西安交通大学出版社，2006

[54] 薛金林，姚国忠. 电控多点喷射 LPG 发动机的开发[J]. 车用发动机，2005(5)：38-40

[55] 袁银男，郭晓亮，聂春飞，等. LPG 柴油双燃料发动机电控喷气系统设计[J]. 内燃机工程，2004，25(2)：23-27

[56] Zeng K, Huang Z H, Liu B, et al. Combustion characteristics of a direct-injection natural gas engine under various fuel injection timings[J]. Applied Thermal Engineering, 2006, 26(8-9)：806-813

[57] Douville B, Ouellette P, Touchette A, et al. Performance and emissions of a two stroke engine fueled using high-pressure direct injection of natural gas[J]. SAE transaction, 1998, 107(3)：1727-1735

[58] Cho H M, He B Q. Spark ignition natural gas engines-A review[J]. Energy Conversion and Management, 2007, 48(2)：608-618

[59] Shiga S, Ozone S, Machacon H T C, et al. A study of the combustion and emission characteristics of compressed-natural-gas direct-injection stratified combustion using a rapid compression machine [J]. Combustion and Flame, 2002, 129(1-2)：1-10

[60] Goto S. Advanced gas engine fueled by a coal seams methane gas[C]. 2001 International Coal-bed Methane Symposium, 2001：165-171

[61] Brown A K, Maunder H D. Using landfill gas: A UK Perspective[J]. Renewable Energy，1994，(5)：774-781

[62] 张小平，刘晓英，平涛. 大功率气体发动机主要技术分析[J]. 柴油机，2006(28)：162-164

[63] Midkiff K C. Fuel composition effects on emissions from a spark-ignited engine operated on simulated biogases[J]. Transaction of the ASME, 2001(123)：536-540

[64] Bari S. Effect of carbon dioxide on the performance of biogas-diesel duel-fuel-fuel engine [J]. WREC，2005，84(16)：2001-2007

[65] Roubaud A. Improving performances of a lean burn cogeneration biogas engine equipped with combustion prechambers[J]. Fuel, 2004，9(1-4)：87-90

[66] 邹祖烨，任树芬，申金升. 国外代用燃料汽车发展概览[M]. 北京：中国铁道出版社，1998

[67] 张欣. 电控柴油/CNG 双燃料发动机燃烧过程二维数值模拟及性能试验研究[D]. 北京：北京交通大学，2002

[68] Battistoni M, Foschini L, Postrioti L, et al. Development of an Electro -hydraulic Camless VVA System[A]. SAE 2007 World Congress[C]. Warrendale PA：SAE, 2007：2007-24-0088

[69] Ukpai U I. Control System Design for an Electro-hydraulic Fully Flexible Valve Actuator with Mechanical Feedback for a Camless Engine[C]. American Control Conference. New York, 2007：188-193

[70] Sugimoto C, Sakai H, Umemoto A, et al. Study on Variable Valve Timing System Using Electro-magnetic Mechanism[A]. SAE 2004 World Congress[C]. Warrendale PA：SAE, 2004：2004-01-1869

[71] Picron V, Postel Y, Nicot E, et al. Electro-magnetic Valve Actuation System：First Steps toward Mass Production[J]. SAE Paper, 2008：2008-01-1360

[72] 徐国强，高献坤，侯瑞娟. CNG 柴油双燃料发动机供气技术研究[J]. 内燃机，2004(5)：15-17, 21

[73] Chladny R R, Koch C R. Flatness-based Tracking of an Electromechanical Variable Valve Timing Actuator with Disturbance Observer Feed forward Compensation[J]. IEEE Transactions on Control Technology, 2008, 16(4)：652-663

[74] Giglio V, Iorio V，Police G. Analysis of Advantages and of Problems of Electromechanical Valve Actuators[J]. SAE Paper, 2002：2002-01-1105

[75] 藤口英也，小林久德. 最新电控汽油喷射[M]. 北京：北京理工大学出版社，2003

[76] Khandaker M F, Hong H, Rodrigues L. Modeling and Cont roller Design for a Voice Coil Actuated Engine Valve[C]. Proceedings of IEEE Conference on Control Applications, Toronto. 2005：1234-1239

[77] Cho H S, Jung H K. Analysis and design of synchronous permanent magnet planar motors[J]. IEEE Trans. on Energy Conversion, 2002, 17(4)：492-499

[78] Kohl M, Brugger D, Ohtsuka M, et al. A ferromagnetic shape memory actuator designed for large 2D optical scanning[J]. Sensors and Actuators, 2007, 135(1)：92-98

[79] Chen H H, Taya M. Design of FSMA spring actuators[C]. Smart structures and materials, 2004：317-323

[80] Couch R N. Development of magnetic shape memory alloy actuators for a swashplateless helicopter rotor[D]. Marylan：university of Maryland, 2006

[81] Lang O, Salber W, Hahn J, et al. Thermodynamical and mechanical approach towards a variable valve train for the controlled auto ignition combustion process[A]. SAE 2005 World Congress[C]. Warrendale PA：SAE. 2005：2005-01-0762

[82] Picron V, Postel Y, Icot E, et al. Electro-magnetic valve actuation system：first steps toward mass production[A]. SAE 2008 World Congress[C]. Warrendale PA：SAE. 2008：2008-01-1360

[83] Pischinger M, Salber W, Stay F V, et al. Benefits of the electromechanical valve train in vehicle operation[A]. SAE 2000 World Congress[C]. Warrendale PA：SAE. 2000：2000-01-1223

[84] Peterson K S, Stefanopoulou A G，Freudenberg J. Current versus flux in the control of electromechanical valve actuators[A]. Proceedings of the 2005 American Control Conference[C]. Portland, OR, USA：AACC, 2005：5021-5026

[85] Parvate-Patil G. Solenoid operated variable valve timing for internal combustion engines[D]. Montreal：Department of Mechanical and Industrial Engineering, Concordia University, 2005

[86] 蔡建渝, 项开新, 胡绍福. 2005. 一种内燃机低热值气体燃料混合装置: 中国, 200420042845 [P].9

[87] 孔庆阳. 煤层气在气体燃料发动机上的应用[J]. 内燃机，2006(4)：45-47

[88] 刘志强，祝传晨. 12V240 焦炉煤气发动机的研制开发[J]. 山东内燃机，2004(4)：17-20

[89] 张付军，郝利君，黄英，等. 电控顺序喷射天然气专用发动机的开发[J]. 汽车工程，2000(5)：338-341

[90] 方祖华，侯树荣，张建华，等. 天然气发动机缸内喷气技术的研究[J]. 汽车工程，1998(20)：52-56

[91] 郝利君，张付军，黄英，等. 天然气发动机的发展现状与展望[J]. 汽车工程，2000(1)：332-337

[92] 黄本尧，刘光林，姚桂芬. 新型电磁气体燃料喷射阀及流量特性分析研究[C]. 中国内燃机学会、中国汽车工程学会 2004 年 APC 联合学术年会，2004

[93] Czerwinski J, Comte P, Zimmerli Y. Investigations of the Gas Injection System on a HD-CNG-Engine[A]. SAE 2003 World Congress[C]. Warrendale PA：SAE, 2003：2003-01-0625

[94] HEINZMANN Gas injection valves[EB/OL]. www.heinzmann.com

[95] Natural Gas Fuel Injection Systems[EB/OL]. www.hoerbiger.com

[96] 苗建忠，崔莉. 气体燃料发动机电控燃料喷射阀：中国，CN1180180C[P]. 2004-12-15

[97] 陈似竹，赵雨东. 发动机电磁气门驱动动态仿真与分析[J]. 中国机械工程，2007，18(14)：1751-1756

[98] 夏永明，卢琴芬，叶云岳. 新型双定子横向磁通直线振荡电机[J]. 中国电机工程学报，2007(27)：104-107

[99] 杨金明，张宙，潘剑飞. 开关磁阻式平面电动机及其控制[J]. 中国电机工程学报，2005，25(19)：116-121

[100] Gao W，Dejima S，Yanai H, et al. A surface motor-driven planar motion stage integrated with a XYθZ surface encoder for precision positioning[J]. Precision Engineering, 2004, 28(3)：329-337

[101] 周赣，黄学良，周勤博，等. Halbach 型永磁阵列的应用综述[J]. 微特电机，2008(8)：52-55

[102] 赵美蓉，温丽梅. 大行程纳米级步距压电电动机[J]. 机械工程学报，2004，4(8)：119-122

[103] 张庆新，王凤翔，李文君，等. 磁控形状记忆合金直线驱动器[J]. 中国机械工程，2004，15(20)：1787-1790

[104] 王凤翔，张庆新，吴新杰，等. 磁控形状记忆合金蠕动型直线电机研究[J]. 中国电机工程学报，2004，24(7)：141-144

[105] Zhang Q X, Zhang H M, Li Y B, et al. On a novel self-sensing actuator[C]. Proceedings of the 27th Chinese control conference, Kunming：[s.n.], 2008：257-260

[106] 李庆雷，王先逵，吴丹，等. 永磁同步电机推力波动分析及改善措施[J]. 清华大学学报，2000，40(5)：33-34

[107] 夏永明，张丽慧，叶云岳. 永磁同步直线电动机的驱动垂直运输系统[J]. 微特电机，2003(6)：27-28

[108] Gu B G，Nam K. A vector control scheme for a PMLSM considering a Non-uniform Flux Distribution[C]. IEEE Press, 2000：393-396

[109] 秦世耀. 永磁电机气隙磁场的解析分析[J]. 太原理工大学学报，2002(3)：121-124

[110] 付子义，焦留成，夏永明. 直线同步电动机驱动垂直运输系统出入端效应分析[J]. 煤炭学报，2004，29(2)：243-245

[111] 钱庆镰. 动圈式永磁直线电机的磁场和电磁力[J]. 微特电机，2000(6)：20-32

[112] Pelissier S, Saldanha R, Yonnet J P, et al. Optimization of a linear permanent magnet actuator[J]. Journal of Magnetism and Magnetic Materials, 1991, 101(3)：335-337

[113] Li J. Design and development of a new piezoelectric linear Inchworm actuator[J]. Mechatronics, 2005 (15)：651-681

[114] 吕超. 新型压电步进直线精密驱动器结构的研究[D]. 长春：吉林大学，2006

[115] 方华军，刘理天. 压电折叠梁微执行器的低电压优化设计[J]. 传感技术学报，2008，21(3)：465-468

[116] 卜海永. 电控液压可变燃气门的设计开发[D]. 济南：山东大学，2010

[117] 常思勤，葛文庆. 一种气体燃料电控喷射装置：中国，201110332554.8 [P]. 2011-10-28

[118] Liu L, Chang S Q. Improvement of valve seating performance of engine's electromagnetic valvetrain[J]. Mechatronics, 2011, 21(7)：1234-1238

[119] 葛文庆，常思勤，孙宾宾，等. 一种大功率发动机气体燃料电控喷射装置的流量特性研究[J]. 南京理工大学学报，2012，36(5)：669-673

[120] 李国岫. 柴油天然气发动机电控气体燃料喷射技术的研究[J]. 车用发动机，2000，(2)：8-11

[121] Kurniawan W, Abdullah S, Nopiah Z, et al. Multi-objective Optimization of Combustion Process in a Compressed Natural Gas Direct Injection Engine using Coupled Code of CFD and Genetic Algorithm[A]. SAE 2007 World Congress[C]. Warrendale PA：SAE, 2007：2007-01-1902

[122] 王福军. 计算流体动力学分析[M]. 北京：清华大学出版社，2004

[123] 江帆. Fluent 高级应用于实例分析[M]. 北京：清华大学出版社，2008

[124] Bertoldi D, Deschamps C, Oliveira A. A two-dimensional numerical model for a port-injected natural gas internal combustion engine[C]. SAE 2008 World Congress[C]. Warrendale PA：SAE, 2008：2008-36-0364

[125] 李树生，白书战，李林科，等. 基于 CAE 和单缸机试验的大功率发动机整机性能开发[J]. 内燃机学报，2012，3(26)：272-276

[126] 赵奎翰，曲延涛，魏克宁，等. 2190T 天然气发动机进气系统和燃烧系统的改进研究[J]. 内燃机学报，1999，2(17)：99-103

[127] 张蕙明，龚英利，王强. 天然气发动机混合器结构对混合过程影响的研究[J]. 内燃机学报，2004，22(06)：498-503

[128] 李玉峰，刘书亮，史绍熙，等. 提高四气门汽油机缸内滚流强度的研究[J]. 内燃机学报，1999，17(03)：263-266